単位と記号
パーフェクトガイド

はじめに

わたしたちの身のまわりには、たくさんの記号や単位があふれています。記号というと、地図記号や計算式で使う記号などが思い浮かぶのではないでしょうか。

そもそも記号とは、あるものの代わりに、あるものを思い起こさせることができる、あるものとは別のもののことです。それには、たった今読んでいる漢字や平仮名、片仮名といった文字や、数字、絵、ときには音楽などもあてはまります。そして、単位とは、長さや重さ、時間などを数字を使って表したり、比べたりするときに基準となるよう、あらかじめ決められた量のことで、よく記号を使って表されます。これらの単位や記号は、人類が文明を発展させ、知識や情報をより正確に他者に伝えるために発達させてきたものです。

代表的な記号である言語は、現在でも国や地域によってちがいますが、非常口のマークなど、世界的に認知される共通の記号ができてきています。かつて単位も、国や地域によってばらばらで、世界共通ではありませんでした。しかし、国や地域を越えた交易がさかんになってくると、世界中で使える普遍的な基準の必要性が認識されるようになっていきます。そしてフランス革命後、18 世紀末のフランスでは、どんな国でも採用できる新体系を検討し、①単位の大きさを人類共通の自然（たとえば地球や水）にもとづいて、②十進法を採用し、③１つの量に１単位という、「メートル系」とよばれる単位の体系をつくりました。19世紀に入ると、この新しい単位系への諸外国の関心が高まり、1875年、パリで17か国の代表により「すべての時代に、すべての人々に」をスローガンとしたメートル条約が締結されました。それ以降、メートル条約事務局（国際度量衡局）が、度量衡に関する国際的な調整機関として、計量標準の研究・開発・維持・供給において、中心的な役割を担っています。そして、その活動計画はおよそ４年ごとに開かれる加盟国総会（国際度量衡会議）で決定されます。2016年８月17日の時点では、58の加盟国と41の準加盟国で成り立っています。

現在、メートル条約では、それ以上分解できない要素として、長さ【m】、質量【kg】、時間【s】、電流【A】、温度【K】、光度【cd】、物質量【mol】という次元的に異なる7つの基本単位が選ばれています。そして、それ以外については原則として基本単位の組み合わせ（組立単位）によって示すことが決められています。こうした単位の体系を国際単位系（SI：フランス語の"Systéme International d'Unités"から）といい、学術論文などではSIに基づいた単位を使うことが求められています。

SIの基本単位は、原則として次元的に独立したものとされていますが、実際にはいくつかの単位同士に密接な関わりがあります。これら基本単位と組み立て単位の相互関係は下の図のように示されます。こうした関係は、それ以上分解できない要素、1量1単位などといった原則からすると、余計なものにも見えますが、その単位の正確性を別の角度から確認することができ、単位系全体として信頼性を高めることになります。

本書では、SI基本単位や組立単位を中心に、併用される単位やあまり使われなくなった単位、そしてそれらを表す記号、くらしの中で見かける記号やマークなどを紹介します。

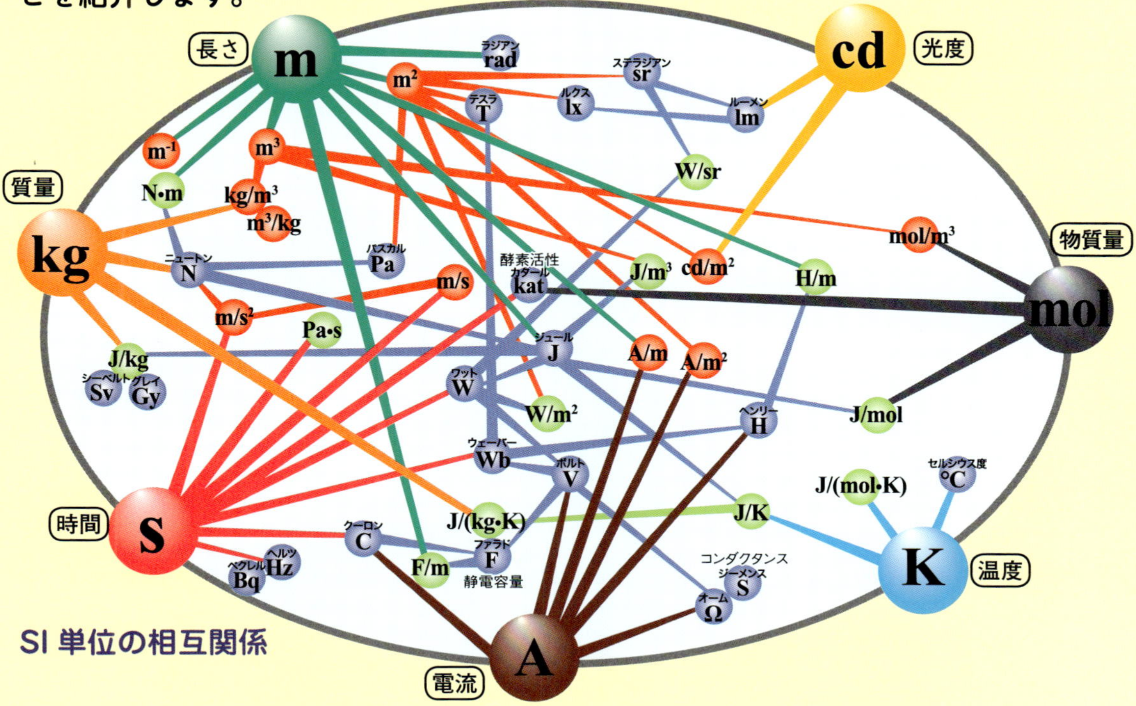

SI 単位の相互関係

目次

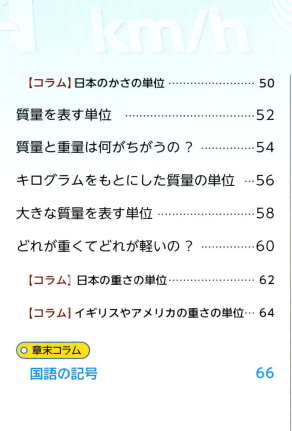

目次

序章

数を表す記号と単位

わたしたちのまわりには、数があふれています。ものを数えるのに使うだけでなく、単位を使うことで、長さや広さ、時間など、さまざまな量を示すことができます。そもそも数を示す記号である数字はどのように生まれてきたのでしょうか。

数字の歴史

必要から生まれた数字

わたしたち人類は、狩った獲物の数や採集した木の実などを、何十万年も前から数えてきました。そして、数を数える時、はじめは指を使っていたと考えられています。そのため、わたしたちは自然と10を単位として数えるようになったようです。

何十万年、何万年もの長い間、指を使って数えるだけで足りていましたが、やがて人類の社会が発展して、交易がさかんになってくると、自分が持っているものの数や、売った数、買った数を、記録するようになりました。そこで人類は、棒や骨に刻み目をつけたり、ひもに結び目をつくったりして、数を記録するようになります。なかでも、現在のイラク南東部、ティグリス・ユーフラテス川流域のメソポタミアとよばれる地域では、今から約5300年前（紀元前3300年）ごろから粘土版に記号を刻むようになりました。最初は、ものの数をそのまま刻んでいただけでしたが、だんだんと数字を使い、ものごとの正確な数や数値を記録するようになりました。

© Bridgeman Images／PPS通信社

今から約4400年前（紀元前2400年ごろ）の楔形文字で記された取り引きの記録。川から取り出した湿った粘土のかたまりに、記号をきざみ、その粘土を乾かして、記録を残した。数量を表す数字も楔形文字で書かれている。

楔形文字の数字

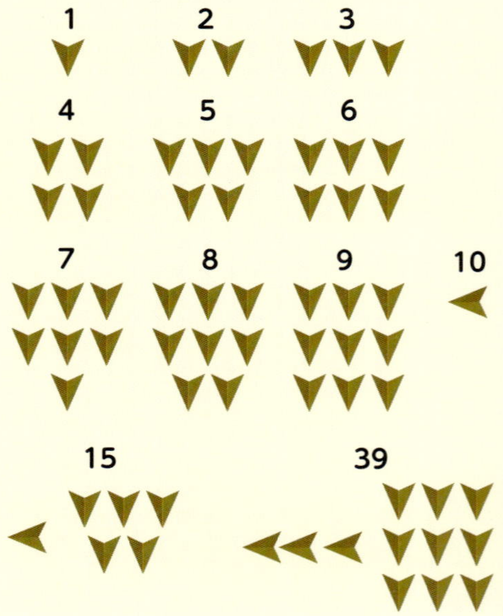

エジプトで使われた数字

北アフリカ東部、ナイル川の流域にいた古代エジプト人は、紀元前3000年～紀元前1000年ごろには、ヒエログリフ（神聖文字）という象形文字（絵や形で表した文字）を使っていました。なかでも数字は、十進法を使って、1、10、100、1000など単純な直線や曲線を使って記していました。

石碑に刻まれた数字。石碑などに使われる文字がヒエログリフで、パピルスなどにはヒエロティック（神官文字）やデモティック（民衆文字）が使われた。

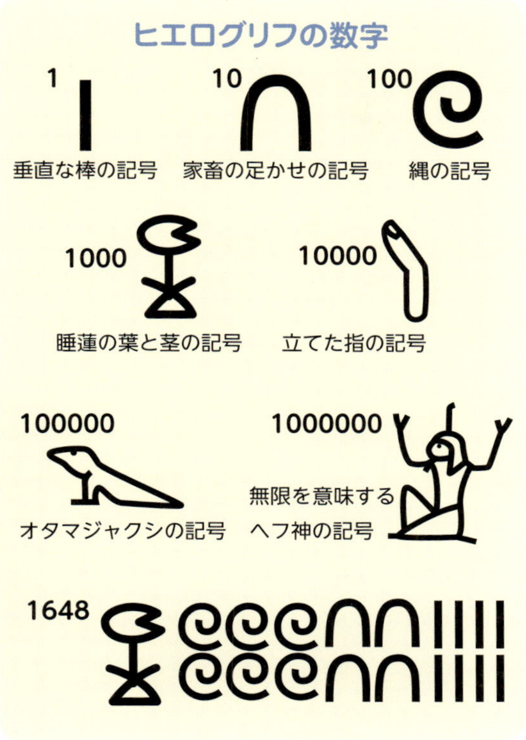

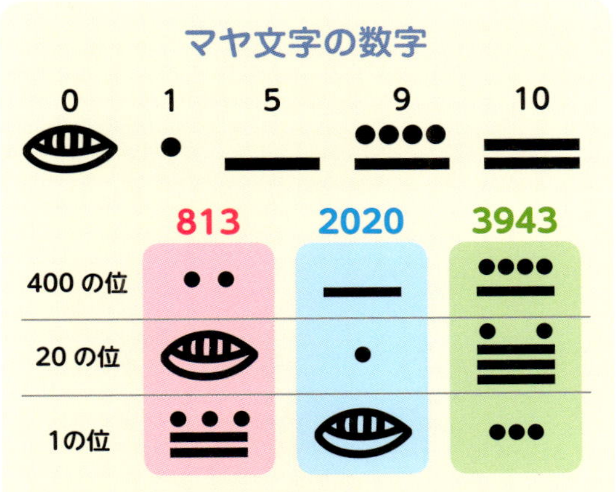

20より大きい数を表すときは、各位の数を層のように積み重ねて表す。

※

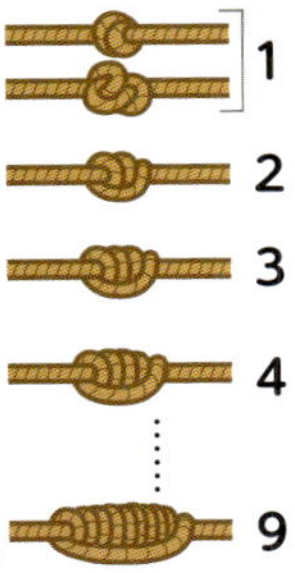

インカのキープ（上）と数字の表し方（右）

南アメリカで使われた数字

アメリカ大陸のユカタン半島では、紀元前1000年ごろから16世紀にかけてマヤ文明が栄えました。マヤ文明では、手と足の指を使っていたのか、20をひとまとまりとした二十進法を使っていました。そして1を点で、5を棒で表し、それらを組み合わせて1～19の数字をつくりました。さらに、マヤにはインドと同じくゼロの概念があり、ゼロに貝の記号を使っていました。

また、南アメリカのアンデス山地のあたりには、紀元前1000年ごろから文明がおこり、15世紀の半ばには現在のコロンビアからチリにかけて巨大なインカ帝国が成立しました。インカには文字はありませんでしたが、縄を結んでつくるキープ（結縄（けつじょう））によって数や情報を伝えあっていました。

数の記号と表し方

アラビア数字とその起源

現在、わたしたちがもっともよく見る数を表す記号（数字）は、アラビア数字というものです。日本では、算用数字ともいいます。

アラビア数字は、もともとインドで生まれた数字で、インドでは、紀元前300年ごろには１～９の数字を使って数を記していました。そして紀元後600年ごろまでには数字のゼロ「０」を発明し、１、10、100、1000…などと、10を単位として位があがる十進法を使うようになりました。位ごとに数字を横に並べて記すことで、どんなに大きな数でも簡潔に表すことができます。この記数法がアラビア半島をへて、ヨーロッパへ伝えられたため、アラビア数字とよばれるようになりました。

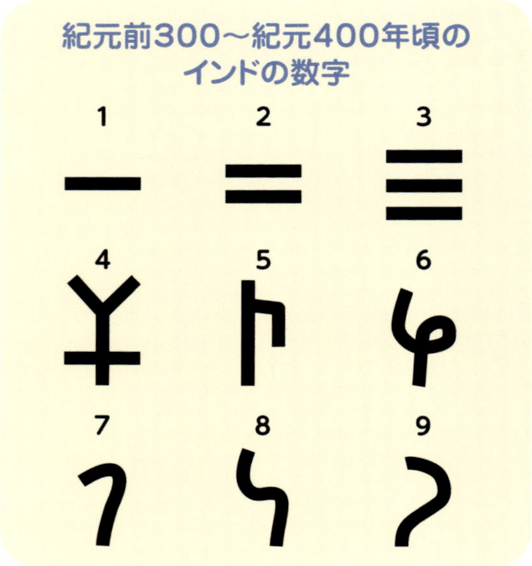

インドで生まれたゼロを使った記数法は、商人たちが西へと運び、当時のイスラム帝国の中心地であるバグダッドに広まった。またイスラム帝国が北アフリカにも広がったことで、北アフリカのイタリア商人たちにも記数法が広まった。

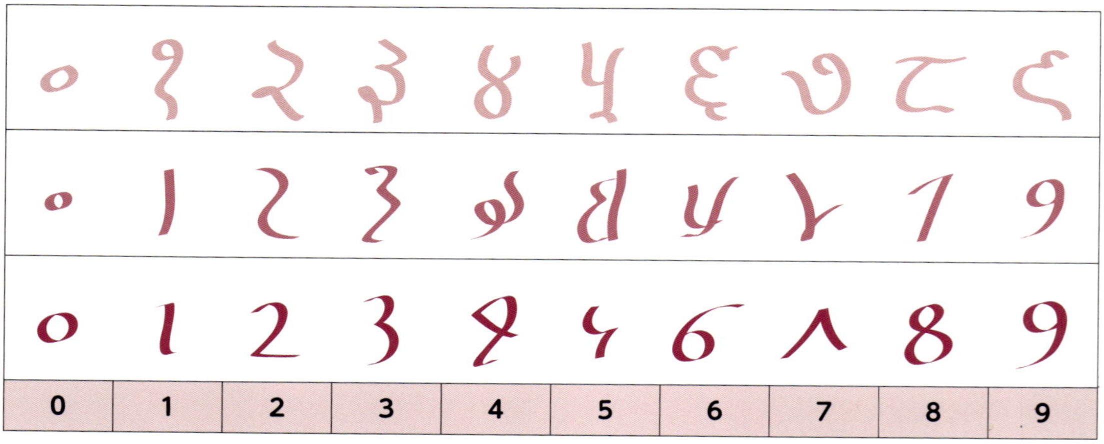

インドの数字からアラビア数字への変化。ヨーロッパへと移動していくうちに少しずつ形が変わっていった。

現在も使われるローマ数字

ローマ数字は、古代ローマで発達した数字です。十進法を使い、Ⅰ、V、X、L、C、D、Mといったいくつかの文字を数字として使います。ヨーロッパでは長い間、ローマ数字が数を書き表す方法で、現在も王族の名前や本の章、時計の文字盤などに使われています。

ローマの記数法では、どんな数も大きい数を表す文字を左に、小さい数を表す文字を右に書き、Ⅳ（4）やⅨ（9）のように上位の数字の左に下位の数字がついたときは、それぞれ「5－1」、「10－1」のように、右の数字から左の数字を引くことを意味しています。

こうしたローマ数字では、掛け算や割り算などの計算が大変なため、ヨーロッパで数学の発展をおしとどめた原因だったのではないかと考えられています。

ローマ数字

1	2	3	4
Ⅰ	Ⅱ	Ⅲ	Ⅳ
5	**6**	**7**	**8**
Ⅴ	Ⅵ	Ⅶ	Ⅷ
9	**10**	**50**	**100**
Ⅸ	Ⅹ	L	C
500	**1000**		
D	M		

49
XXXXIX

2020
MMXX

英語などで書かれた本や論文などの章では、（ⅰ）（ⅱ）（ⅲ）（ⅳ）（ⅴ）…などと、小文字で表記されることも多い。

日本でも使われる漢数字

古代の中国で生まれた漢字を使った数字が、一、十、百、千、万、…といった漢数字です。日本でも広く使われていて、新聞や雑誌、書籍など、身のまわりでよく見られます。漢数字は、十が10個集まると百、百が10個集まると千、千が10個集まると万と最初は10のまとまりで、それ以降は万が10,000（1万）個集まると億、億が1万個集まると兆…と10の倍数である1万ごとに増えていきます。

また、日本語の数を表す言葉を数詞といい、大きい値から小さな値まで、10の倍数ごとに様々な数詞があります。この数詞で数を表す方法を命数法といい、次のページに列記しています。

漢字の数字

1	2	3	4	5	6	7	8	9
一	二	三	四	五	六	七	八	九

10	20	100	1000	10000
十	二十	百	千	万

20	30	40
廿	丗	卌

左の漢数字は誤記や誤読を防ぐために使用されることが少なくなった。

また、証書や証券などで誤記・誤読を避けるため、下のような大字が使われることがある。

1	2	3	4	5	6	7
壱	弐・貳	参	肆	伍	陸	漆

8	9	10	100	1000	10000
捌	玖	拾	佰・陌	仟・阡	萬

数の大小と接頭辞

数の大小を表す接頭辞（接頭語）

0がたくさんつくような、大きな値や小さな値は、誤記や誤読をしがちです。そのために、数値や単位には国際的に定められた大小を示す接頭辞（接頭語）をつけて表します。接頭辞は10の倍数ごとにつくられているため、もとの数値の何倍、または何分の1かを覚えると、すべてのもので量感を思いうかべやすくなるでしょう。

1よりも大きい数を表す接頭辞

接頭辞	読み	記号の語源	具体的な数字	日本語の命数	10の累乗
Y	ヨタ	ラテン語の最後の1つ前の文字「y」	1,000,000,000,000,000,000,000,000	一秭（じょ）	10^{24}
			100,000,000,000,000,000,000,000	千垓	10^{23}
			10,000,000,000,000,000,000,000	百垓	10^{22}
Z	ゼタ	ラテン語の最後の文字「z」	1,000,000,000,000,000,000,000	十垓	10^{21}
			100,000,000,000,000,000,000	一垓（がい）	10^{20}
			10,000,000,000,000,000,000	千京	10^{19}
E	エキサ	ギリシャ語の「6」	1,000,000,000,000,000,000	百京	10^{18}
			100,000,000,000,000,000	十京	10^{17}
			10,000,000,000,000,000	一京	10^{16}
P	ペタ	ギリシャ語の「5」	1,000,000,000,000,000	千兆	10^{15}
			100,000,000,000,000	百兆	10^{14}
			10,000,000,000,000	十兆	10^{13}
T	テラ	ギリシャ語の「怪物」	1,000,000,000,000	一兆	10^{12}
			100,000,000,000	千億	10^{11}
			10,000,000,000	百億	10^{10}
G	ギガ	ギリシャ語の「巨人」	1,000,000,000	十億	10^{9}
			100,000,000	一億	10^{8}
			10,000,000	千万	10^{7}
M	メガ	ギリシャ語の「大きい」	1,000,000	百万	10^{6}
			100,000	十万	10^{5}
			10,000	一万	10^{4}
k	キロ	ギリシャ語の「1000」	1,000	千	10^{3}
h	ヘクト	ギリシャ語の「100」	100	百	10^{2}
d	デカ	ギリシャ語の「10」	10	十	10^{1}
			1	一	10^{0}

※ 国際度量衡総会決議で、「数値のコンマ（,）またはピリオド（.）は、数値の整数部分と小数部分とを分けるためにだけ使用すること」また、「読み取りのために3桁ずつに区切ってよいが、区切りの空白にピリオドもコンマも挿入してはならない」とされましたが、当書籍では視認性を高くするため、商慣習的に使われるコンマを入れています。

桁の多い数を簡単に表す累乗

同じ数を何度かかけ合わせることを累乗といいます。かけ合わせた個数を右上に小さく書き、a × a × a は「a^3」と書いて、「aの3乗」と読み、a×a×a×……×a (n個) の場合「a^n」と書き、「aのn乗」と読みます。また、nが−の場合、aをn乗で割った数を表します (ex.$10^{-2}=1/10^2=1/100$)。これにより、大きな数や小さな数を短く伝えられます。

日本語で表す大きな数

左ページの表には、命数が「秭」までしかありませんが、秭が1万個で穣、穣が1万個で溝、溝が1万個で澗、その上に正、載、極、恒河沙、阿僧祇、那由他、不可思議、無量大数 (10^{68}) という大きな数を示す命数があります。一説には、恒河沙は1億極、阿僧祇は1億恒河沙、…と8桁ずつ増えて無量大数 (10^{88}) になるとも言われます。

1よりも小さい数を表す接頭辞

接頭辞	読み	記号の語源	具体的な数字	日本語の命数	10の累乗
			1	一	10^{0}
d	デシ	ラテン語の「10」	0.1	分	10^{-1}
c	センチ	ラテン語の「100」	0.01	厘	10^{-2}
m	ミリ	ラテン語の「1000」	0.001	毛	10^{-3}
			0.0001	糸	10^{-4}
			0.00001	忽	10^{-5}
μ	マイクロ	ギリシャ語の「小さい」	0.000001	微	10^{-6}
			0.0000001	繊	10^{-7}
			0.00000001	沙	10^{-8}
n	ナノ	ラテン語の「小人」	0.000000001	塵	10^{-9}
			0.0000000001	埃	10^{-10}
			0.00000000001	渺	10^{-11}
p	ピコ	スペイン語の「先端」	0.000000000001	漠	10^{-12}
			0.0000000000001	模糊	10^{-13}
			0.00000000000001	逡巡	10^{-14}
f	フェムト	古いノルウェー語・英語の「15」	0.000000000000001	須臾	10^{-15}
			0.0000000000000001	瞬息	10^{-16}
			0.00000000000000001	弾指	10^{-17}
a	アト	古いノルウェー語・英語の「18」	0.000000000000000001	刹那	10^{-18}
			0.0000000000000000001	六徳	10^{-19}
			0.00000000000000000001	虚空	10^{-20}
z	ゼプト	ゼタとギリシア語の「7」を合成	0.000000000000000000001	清浄	10^{-21}
			0.0000000000000000000001	阿頼耶	10^{-22}
			0.00000000000000000000001	阿摩羅	10^{-23}
y	ヨクト	ヨタとギリシア語の「8」を合成	0.000000000000000000000001	涅槃寂静	10^{-24}

コラム 計算で使う記号

数字は、それを並べるだけでなく、足したり引いたりするなどの記号を使って、簡潔で正確に計算を表すことができます。こうした加減乗除の記号がそろったのは15～17世紀で、現在のように計算式で広く使われるようになったのは、19世紀に入ってからといわれます。

＋ 足す（プラス）
足し算（加算）の記号。答えを、和という。

－ 引く（マイナス）
引き算（減算）の記号。答えを、差という。

× 掛ける
掛け算（乗算）の記号。答えを、積という。

÷ 割る
割り算（除算）の記号。答えを、商という。

＝ 等号（イコール・等しい）
記号の左側（左辺）と右側（右辺）が等しいことを表す。

≒ 近似（ほぼ等しい）
左辺と右辺がほぼ等しいことを表す。

≠ ノットイコール（等しくない）
左辺と右辺が等しくないことを表す。

（ ） かっこ（小かっこ）

｛ ｝ 中かっこ

［ ］ 大かっこ

計算には順序があり、掛け算・割り算を、足し算・引き算より先に計算する。式の中にかっこがあるときは、かっこの中を先に計算する。複数のかっこがある場合、小かっこ→中かっこ→大かっこの順に計算する。

不等号

＞ ～より大きい（大なり）
左辺の方が右辺より大きいことを表す。

≧ ～より大きいか等しい（大なりイコール）
左辺が右辺と等しいか、それより大きいことを表す。

＜ ～より小さい（小なり）
左辺の方が右辺より小さいことを表す。

≦ ～より小さいか等しい（小なりイコール）
左辺が右辺と等しいか、それより小さいことを表す。

・ 小数点（ピリオド・ポイント・ディシマル）
小数を表すときに、1の位とそれ以下の位の境につけて、0.1のように書き表す。フランスやドイツなどでは、0,1のように小数点にカンマをつかう場合もある。

π 円周率
円の直径と円周の長さの比率。円の大きさに関わらず比率は同じで、およそ3.14。

$\sqrt{a}$ ルート（平方根・2乗根）
2乗するとaになる数を表す。例えば3を2乗すると9になるので、$\sqrt{9}=3$。ただし、9の平方根は3、－3（－3は$-\sqrt{9}$と表す）。

$\sqrt[3]{a}$ 立方根（3乗根）
3乗するとaになる数を表す。例えば3を3乗すると27になるので、$\sqrt[3]{27}=3$。

∞ 無限大
限りなく大きいことを表す。

＋ 正の数

－ 負の数

0より大きな数を「正の数」、0より小さな数を「負の数」という。正の数は省略されて数字の前に＋はつかないが、負の数には－がつく。またプラスマイナス記号（±）は、正と負が違うだけの数値を簡便に表したり、ある数値に対する許容範囲や誤差範囲を示したりするのに使われる。

第1章

長さと面積にかかわる記号と単位

cm 坪 m km² 尺 µm nm

直線または、曲線にそった2点の間の距離が長さです。そして、ある長さの線でかこわれた面の広さが面積です。この章では、長さと広さに関係した単位や記号を紹介します。

もっとも基本となる長さの単位

【m】メートル

メートル【m】は国際単位系として国際的に定められた長さの単位です。メートルという言葉は、「はかる」という意味のギリシャ語"metron（メトロン）"からつくられました。

その昔、ずっと変わらないと考えられていた地球の大きさを基準として、北極点から赤道までの子午線の長さの1000万分の１（北極点から南極点を通って、再び北極点に至るまでの長さの4000万分の１）の長さを１ｍと決めました。

この最初に子午線をはかった時に決めたメートルの長さをもとに、メートル原器がつくられました。メートル原器は、両端近くにある目盛りと目盛りの間が１ｍとなるようになっています。

やがて、地球の地面はでこぼこしていたりして、正確な球や楕円（だえん）球ではないため、長さの基準にならないことがわかりましたが、最初につくられたメートル原器がそのまま１ｍの基準になりました。

その後、世界の国々に増えていくとともに、メートル原器がつくられた時代によって少しずつ長さがちがったり、時間がたつとほんのわずかに、原器が変化したりすることがわかりました。そのため、現在では、１ｍは１秒の2億9979万2458分の１という時間に、光が真空中を伝わる行程の長さだと決められています。

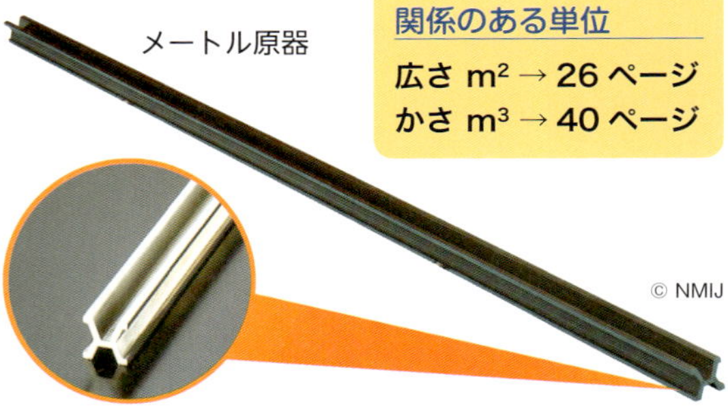

© NMIJ

関係のある単位
広さ m^2 → 26ページ
かさ m^3 → 40ページ

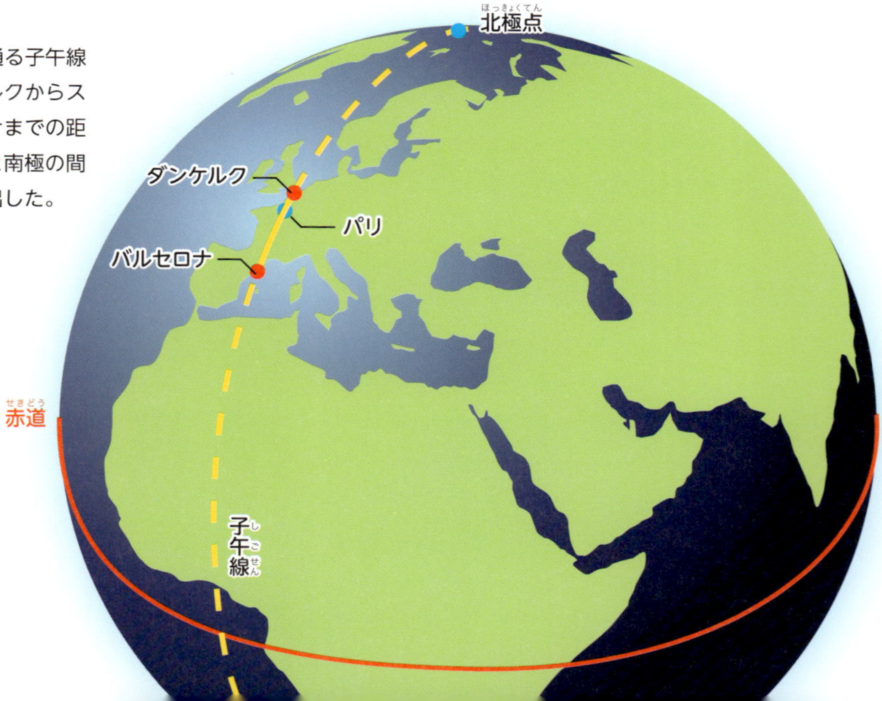

フランスのパリを通る子午線をもとに、ダンケルクからスペインのバルセロナまでの距離をはかり、北極と南極の間の距離を計算して出した。

1m の世界

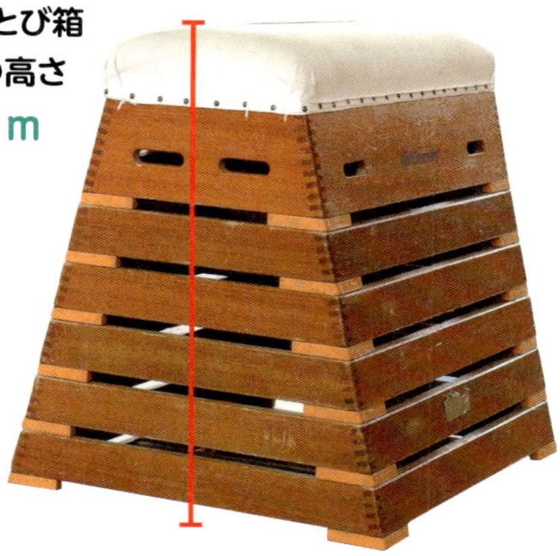

中型のとび箱
６段の高さ
約1m

身長約 1m の人が
両手を広げた長さ
約1m

開いた新聞紙を
ななめに折った辺の長さ
約1m

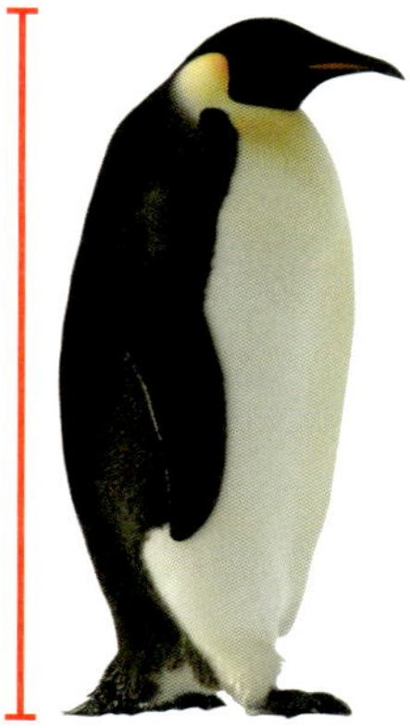

コウテイペンギン
の身長
約1m

アオウミガメの
こうらの長さ
約1m

カピバラの体長　約1m

ラフレシアの花　約1m

メートルをもとにした単位

【cm】センチメートル

センチメートル【cm】は、メートル【m】の100分の１の長さです。

cmの世界

関係のある単位
広さ cm^2 → 26 ページ
かさ cm^3 → 41 ページ

1m

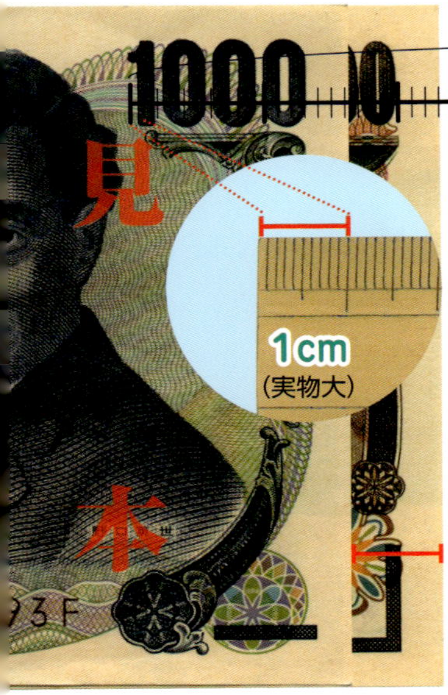

1万円札と千円札の長さの差
1cm

コーヒー豆の長さ
約1cm

ミツバチの体長
約1cm

1か月間でかみの毛が伸びる長さ
約1cm

1円玉の直径
2cm
(実物大)

【km】キロメートル

キロメートル【km】はメートル【m】の1000倍の長さです。

kmの世界

関係のある単位
広さ km^2 → 27 ページ
かさ km^3 → 42 ページ

1km

100m

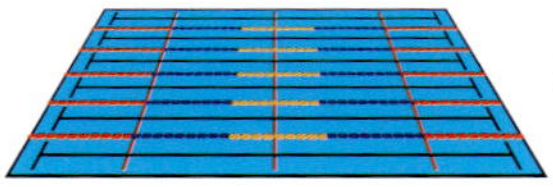

25m プールを20 往復すると
1km

100m

国際大会で使われるサッカー場を5 往復すると
約1km

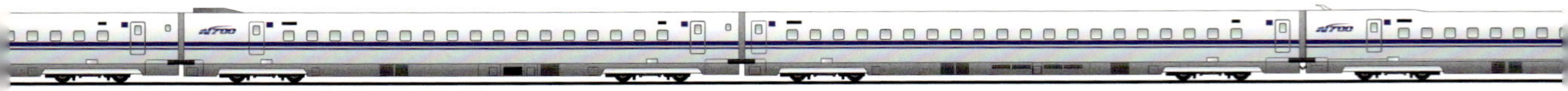

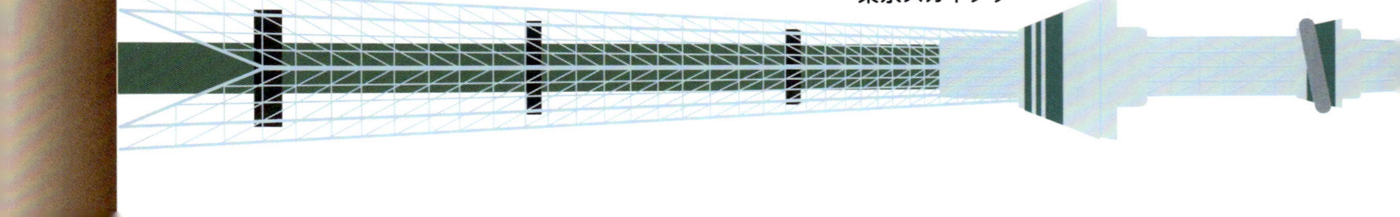

東京スカイツリー

【mm】ミリメートル

ミリメートル【mm】は、メートル【m】の1000分の１、センチメートル【cm】の10分の１の長さです。

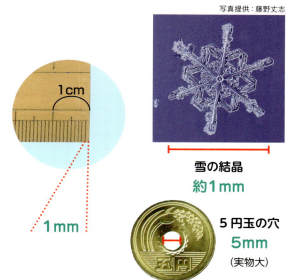

mm の世界

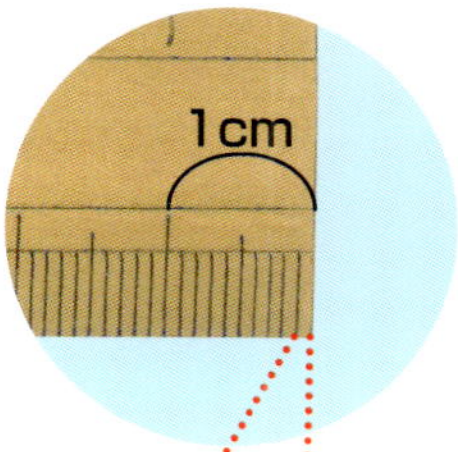

1mm

写真提供：藤野丈志

雪の結晶
約1mm

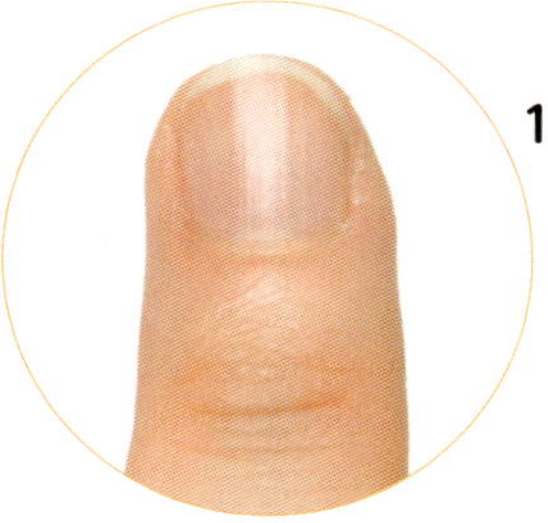

10日間でつめが伸びる長さ
約1mm

このもじ１つぶんの大きさ
1mm

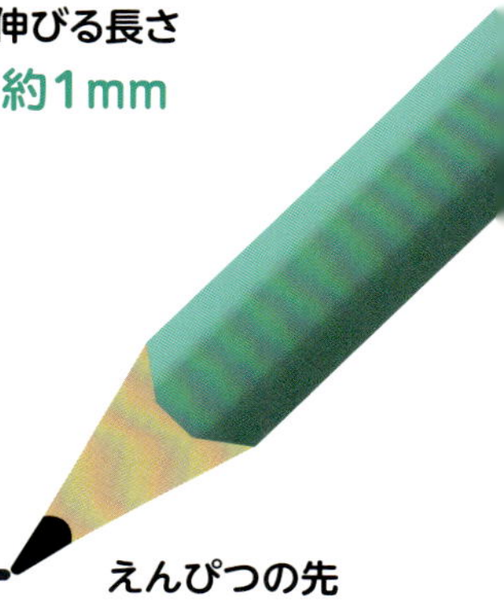

５円玉の穴
5mm
（実物大）

線の太さ
1mm
（実物大）

えんぴつの先
約1mm

© 東京都

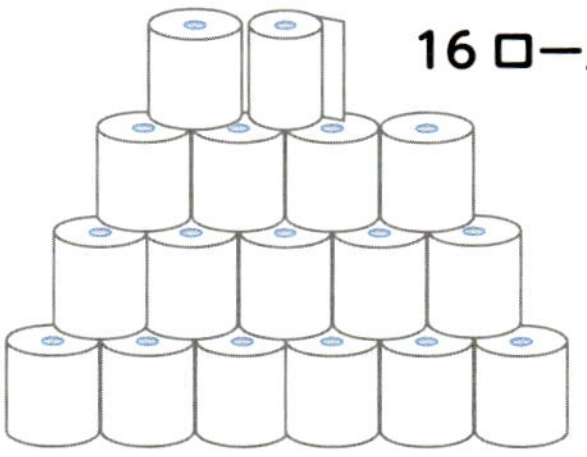

60m 巻きのトイレットペーパーを16ロールと３分の２使うと
1km

大人が歩いて約15分かかる。

東京タワーの高さ　333m

© 東京都

700系新幹線が40車両あると
1km

東京スカイツリー（634m）と東京タワー（333m）の高さを足しても1kmには33m足りない。

東京スカイツリーの高さ　634m

東京タワー

メートルをもとにした単位

長さを比べよう

陸上のトラック競技の1万メートル【m】走と20キロメートル【km】マラソンで走るのはどちらが長いのか、幅２ｍのベランダに直径30センチメートル【cm】の植木ばちがいくつ並べられるのか、kmをmに、mをcmになおして単位をそろえると、それぞれの長さを比べやすくなります。いろいろな長さを比べるときに、km、m、cm、ミリメートル【mm】という単位がまざっていたら、単位をどれか１つにそろえて比べましょう。

表す単位 ＼ 長さ	km	m	cm	mm
1km	1	1,000	100,000（10万）	1,000,000（100万）
1m	0.001	1	100	1,000
1cm	0.00001（10万分の１）	0.01	1	10
1mm	0.000001（100万分の１）	0.001	0.1	1

（表の左：下から上へ ×10、×100、×1000　表の右：上から下へ $\frac{1}{1000}$、$\frac{1}{100}$、$\frac{1}{10}$）

単位をそろえるには、「長さ」の数値に上の表の「長さ」と「表す単位」が交わるマスの数値をかけると、表す単位にそろえられる。それぞれの単位が、別の単位の何倍か、または何分の１かをおぼえると、計算しやすくなる。

SI単位に属さない小さな単位

非常に小さな長さを表すときにつかわれる単位に、オングストローム【Å】があります。１Åは1億分の1cmという長さで、おもに光の波長（→104ページ）を表すときに使われます。太陽光の波長について観測したスウェーデンの物理学者オングストレーム（オングストローム）にちなんでつけられました。10^{-10}メートル【m】となるため、英語で"tenth meter（テンス メーター）"ともいわれます。ただし、近年ではSI単位を使うように推奨されているため、1Å=0.1ナノメートル【nm】=100ピコメートル【pm】とともに使います。

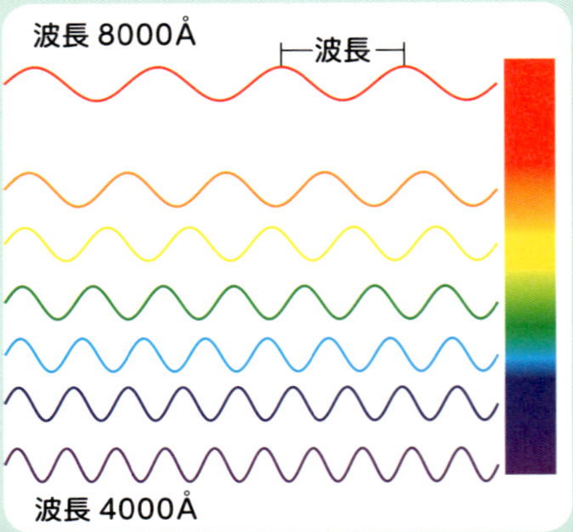

可視光線は波長の長い方が赤く、短い方が青く見える。

とても小さな長さを表す単位

ミドリムシやゾウリムシなどの微生物や、昆虫の体を調べるときは、光学顕微鏡や電子顕微鏡を使います。それらの長さ（大きさ）を表すときに、マイクロメートル【μｍ】やナノメートル【nm】という単位を使います。

マイクロ「μ（micro）」もナノ「n（nano）」も、古いギリシャ語からきた言葉で、センチ「c」やキロ「k」と同じように基本となる単位（ここではｍ）にくっつけて意味をくわしくする言葉「接頭辞」です（→12～13ページ）。「μ」は、100万分の１を示し、１μｍは、0.000001ｍ（=0.001mm）、「n」は、10億分の1を示し、１nmは、0.000000001ｍ（=0.000001mm）です。つまり１μｍは、1000nmにあたります。

μm の世界

© Lebendkulturen.de/shutterstock.com

オオヒゲマワリ（ボルボックス）の直径
約 500 μm

© NOAA

ミドリムシ（ユーグレナ）
約 60 μm

© 阿達直樹

シオカラトンボの複眼1個の直径
約 30 μm

nm の世界

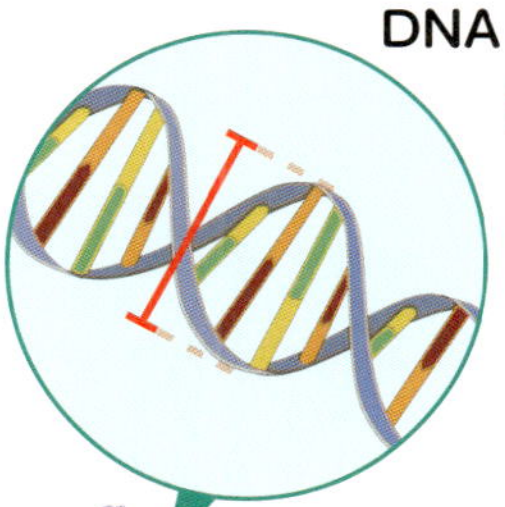

DNA のらせんの直径
約 2nm

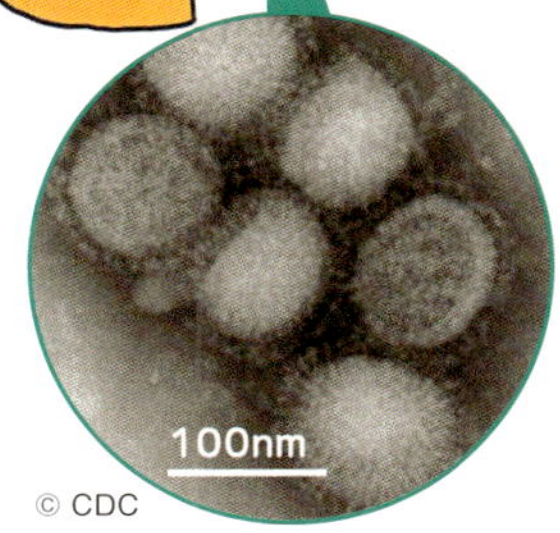

© CDC

インフルエンザウイルス
約 100nm

PM2.5ってなに？

近年、ニュースなどで取り上げられるPM2.5は、空気中をただよう大きさ2.5μmより小さい粒のことです。これは、ヒトの髪の毛の太さ（約70μm）やスギ花粉（約30μm）よりも小さく、これを吸いこむと、肺の奥深くまで入って、ぜん息や気管支炎などを引き起こしたり、肺がんにかかる可能性が高くなると考えられています。そのため、PM2.5が多い日には、外になるべく出ず、マスクをつけたほうがよいといわれています。

PM2.5の原因に、工場の煙や排気ガス、タバコの煙などがあげられる。

海で使う長さの単位

海里はどんな単位？

関係のある単位
角度 ° → 34 ページ
長さ m → 16 ページ

海里（浬）は、ノーティカルマイル【M】（または【nm】）ともいい、海の上での長さ（距離）を表します。

国際的に使うことが認められた単位で、1海里は1852メートル【m】です。これは地球の緯度の1分の長さです。長さの基準となる緯度は、赤道を0度【°】（→34ページ）として北極点や南極点などの極点までを90等分して、90°までの角度で表したものです。その1°の60分の1が1分です。

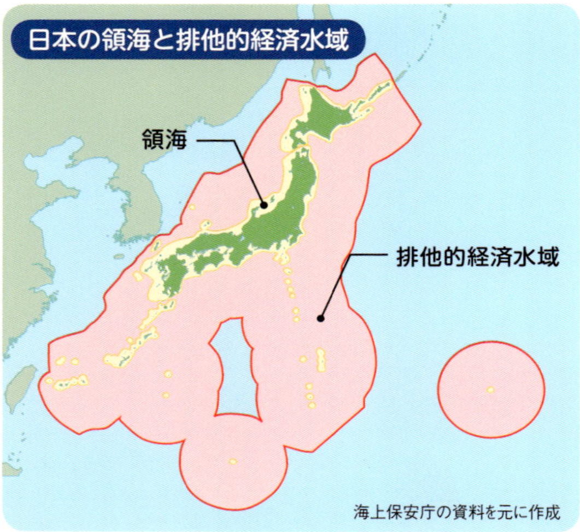

その国が治める海の範囲を領海といって、海岸から12海里（黄部分）と決められている。その外側にある海岸から200海里までの範囲の海を排他的経済水域（ピンク部分）といい、その国が海を管理でき、漁業や地下資源開発など海の資源を利用することができる。

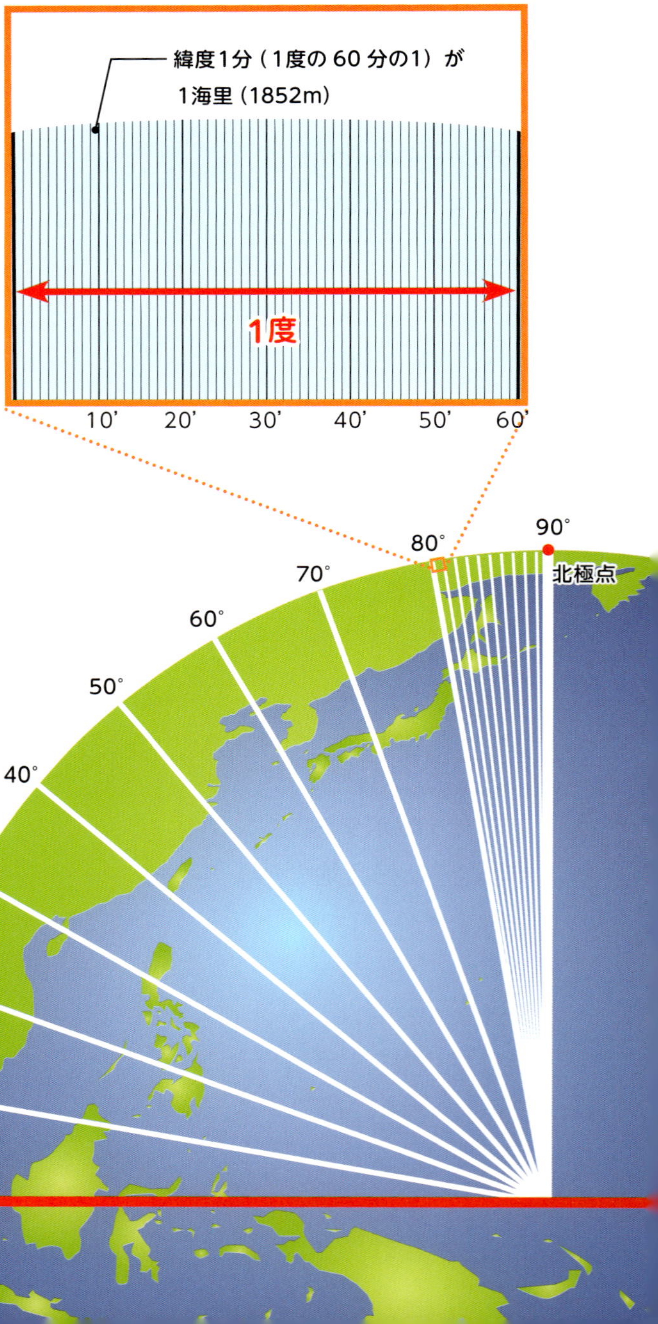

日本でも意外と使われる!?

外国の長さの単位

服や電化製品の単位？

ジーンズなどズボンのウエスト、テレビやパソコン、スマートフォンの画面、自転車や車のタイヤなどの大きさ（長さ）を表すのに、インチ【in】がよく使われています。inは、イギリスやアメリカなどで使われる単位で、国際単位系で表すと、１inは2.54センチメートル【cm】です。人の親指の幅がもとになったといわれ、足の大きさをもとにした１フート【ft】（複数になるとフィート）は12inです。さらに、３ftが１ヤード【yd】（＝91.44cm）となります。このヤードが基本になり、1760ydが1マイル【mil】（≒1.6km）、３milが１リーグ【league】になります。こうした長さの単位の決まりを、ヤード・ポンド法といいます。

ヤード・ポンド法を使う国々では、国によって基準となる長さがちがったり、職業によって、ヤードの倍数にさまざまな単位名がついていました。たとえば、測地に使う長さでは、5.5yd＝１ポール【pole】、22yd＝１チェーン【chain】、220yd=10chain＝１ファーロング【furlong】という単位が使われます。このほかにも、ロッド【rod】やパーチ【perch】、水深を示すときに使うファゾム【fathom】といった単位もあります。

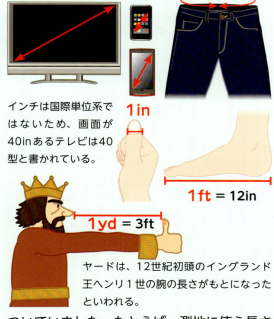

インチは国際単位系ではないため、画面が40inあるテレビは40型と書かれている。

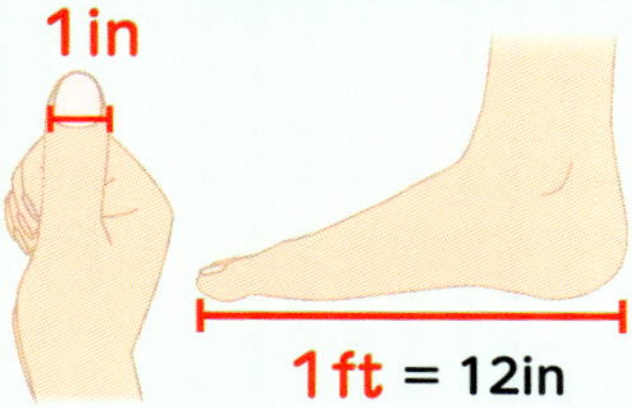

ヤードは、12世紀初頭のイングランド王ヘンリ１世の腕の長さがもとになったといわれる。

古代からつたわる身体尺

古代メソポタミアやエジプトでは、4000年以上前から土地を測り、建物を建てていました。そのときの単位のもとになったのが、人の体の各部位の長さです。ひじから中指の先までの長さが１キュビットです。そして、指１本の幅を１ディジット、手の平の幅が１パーム（＝4ディジット）、手を広げた親指から小指までの長さが１スパン、１キュビット＝2スパン＝６パームとしていました。

ピラミッド、聖書に出てくるバベルの塔やノアの箱船などはキュビットで設計されている。

単位の名前の意味がわかる

日本の長さの単位

日本では、もともと人の体を基準にして、長さを測っていました。手を広げたときの親指から中指までの長さを「尺（しゃく）」、親指の幅を「寸（すん）」としていました。時代によって尺や寸の大きさは変わりましたが、現在では１尺は30.3センチメートル【cm】、１寸は１尺の10分の１と決められています。さらに、寸より小さい単位として、分（ぶ）、厘（りん）。尺より大きい単位として、丈（じょう）、間（けん）、町（ちょう）、里（り）がありました。これらの単位は、今でも日本語の中にたくさん残っています。

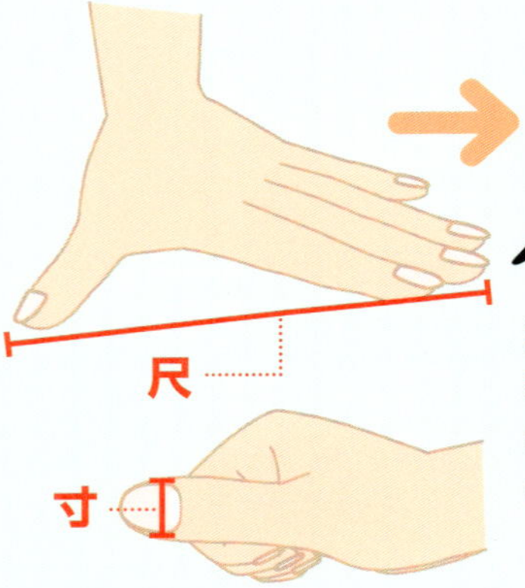

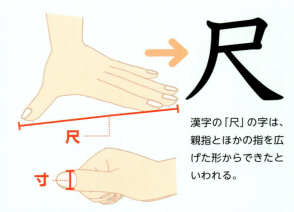

漢字の「尺」の字は、親指とほかの指を広げた形からできたといわれる。

尺をとるシャクトリムシ

シャクトリムシは、シャクガなどのガの幼虫で、腹部の脚の数が少ない細長い芋虫です。それらの脚を動かして、親指と人差し指で尺をとる（長さをはかる）ように進むので、シャクトリムシとよばれています。

日本の長さの単位とメートル

1里	=36 町							約 3927m（3926.88m）
	1町	=36 丈	=60 間	=360 尺				約 109.08m
		1丈		=10 尺				約 303cm（3.03m）
			1間	=6 尺				約 181.8cm（1.82m）
				1尺	=10 寸			約 30.3cm
					1 寸	=10 分		約 3.03cm
						1 分	=10 厘	約 0.303cm（3.03mm）
							1 厘	約 0.0303mm

一寸法師とおやゆび姫

日本の昔話に出てくる一寸法師の身長は、１寸つまり約3cmです。それに対して、アンデルセン童話の親指姫は、チューリップのつぼみから生まれ、親指ぐらいの大きさだといわれます。よく見られるチューリップの花びらの大きさは7～10cm、人によってもちがいますが、多くの人の親指は１寸より大きいでしょう。これらのことから、一寸法師のほうが、おやゆび姫より小さいようです。

アルプス一万尺

「アルプス一万尺」は、アメリカの民謡に日本語で別の歌詞をつけた歌です。この歌詞に出てくる１万尺は、303000cm（約3000メートル【m】）という長さ（高さ）を表しています。このアルプス一万尺は、長野県と岐阜県の境にある高さ約3180mの北アルプスの槍ヶ岳をさしていて、槍ヶ岳のとなりには「小槍」という大きな岩があります。実際の小槍の上で、おどるのは難しいでしょう。

体ものさし

尺や寸のほかに、人の体の長さが基準となった単位に、咫（あた）、束（つか）、尋（ひろ）があります。咫は、手の平の付け根から中指の先までの長さで、昔から使いやすいはしの長さは一咫半（ひとあたはん）、といわれます。束はにぎりこぶしの横はばで、弓矢の長さを決めるのに八束（やつか）、十束（とつか）などと使っていました。そして、尋は両うでを広げたときの長さで、自分の身長と同じぐらいの長さになります。

メートルをもとにした広さの基本の単位

【m^2】平方メートル

広さ（面積）の基本の単位は、国際的に定められた長さの単位であるメートル【m】をもとにした平方メートル【m^2】を使います。縦1m、横1mの長さの線でかこまれた四角形の面積が1m^2です。平方は、ある数を2度かけ合わせることをいいます。

m^2の世界

関係のある単位
長さ m → 16ページ
かさ m^3 → 40ページ

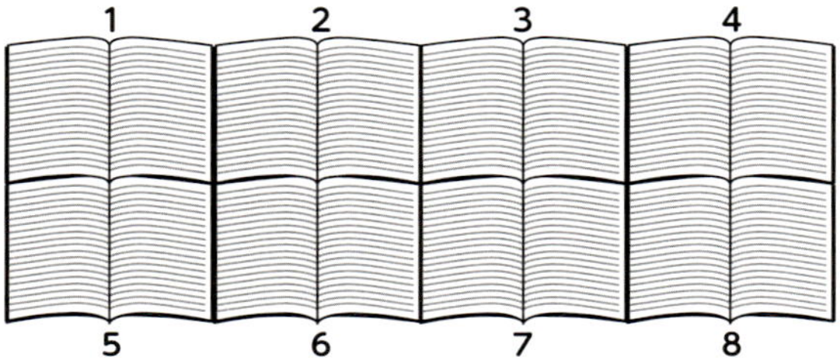

A4サイズのノートを開いて8冊ならべると
約1m^2

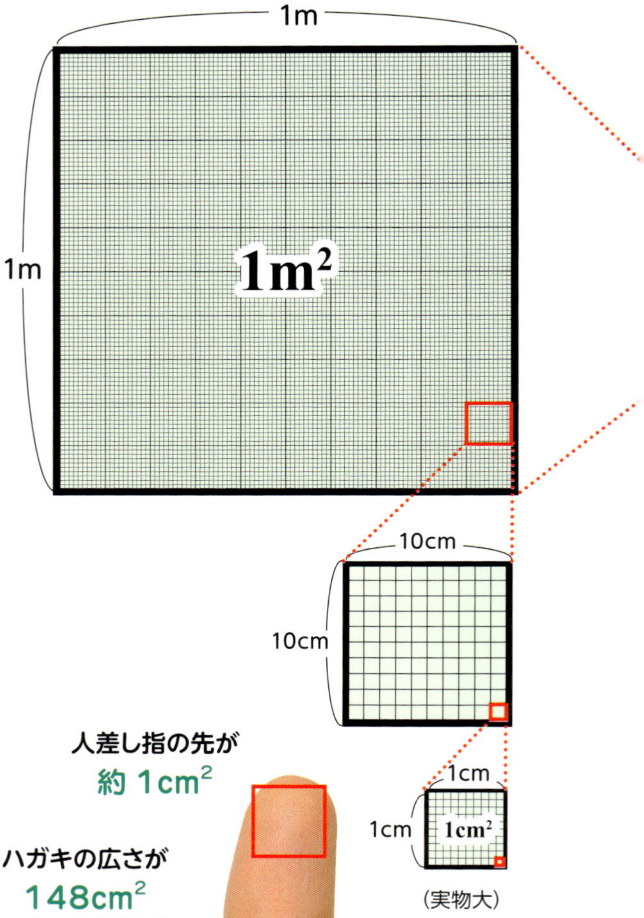

【cm^2】平方センチメートル

広さの単位で、縦1センチメートル【cm】、横1cmの長さの線でかこまれた四角形の面積が1平方センチメートル【cm^2】です。m^2の10,000（1万）分の1になります。

人差し指の先が
約 1cm^2

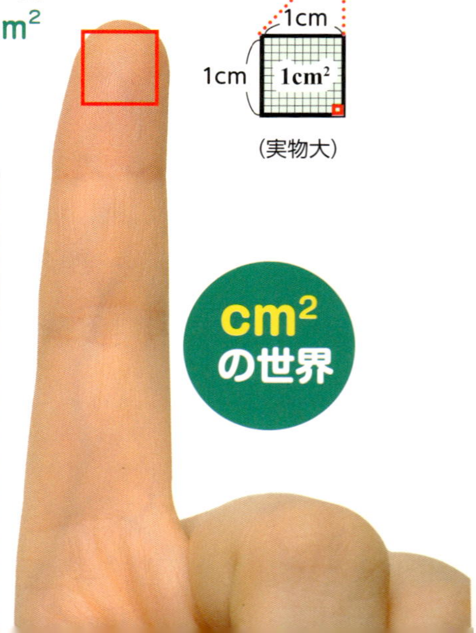

ハガキの広さが
148cm^2

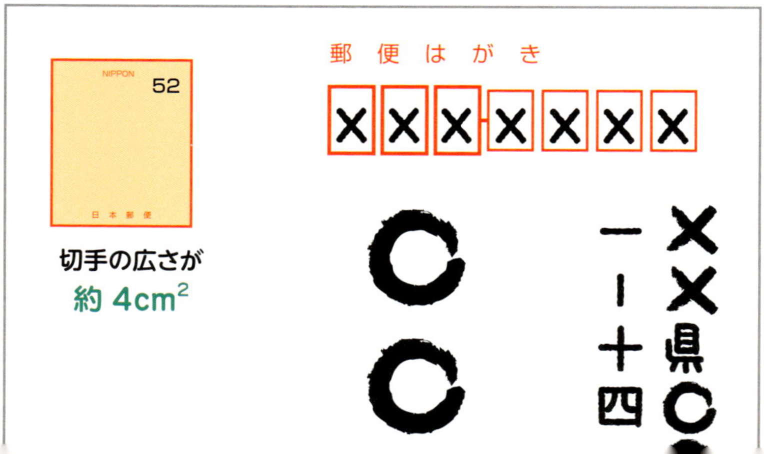

cm^2の世界

【km²】平方キロメートル

広さの単位で、縦1キロメートル【km】、横1kmの長さの線でかこまれた四角形の面積が1平方キロメートル【km^2】です。m^2の100万倍になります。

km^2の世界

関係のある単位
長さ km → 18ページ
かさ km^3 → 42ページ

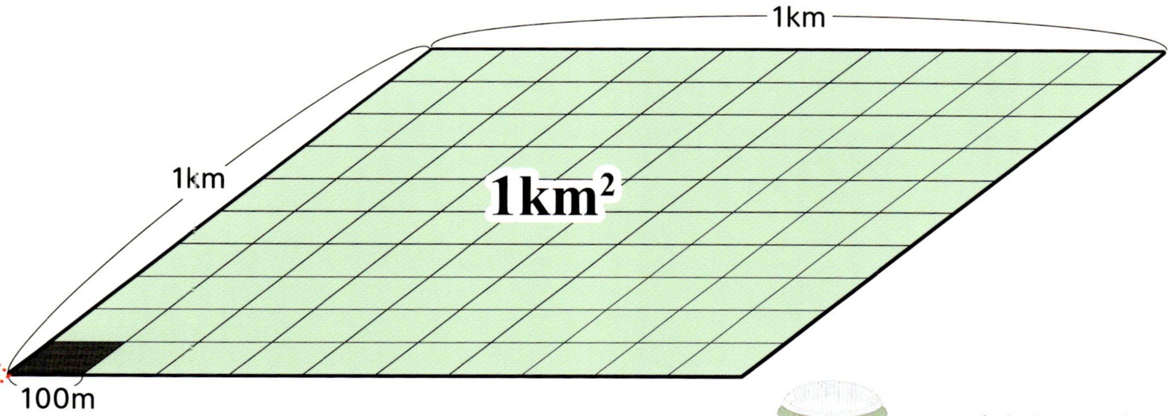

大阪城公園の広さが
約 1km^2

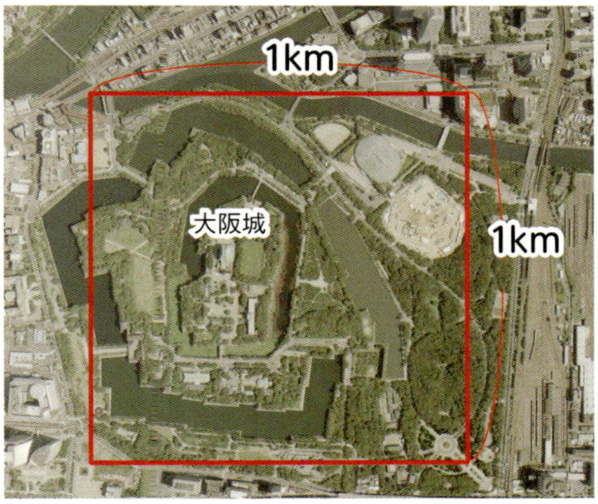

国土地理院撮影の空中写真（2007年撮影）

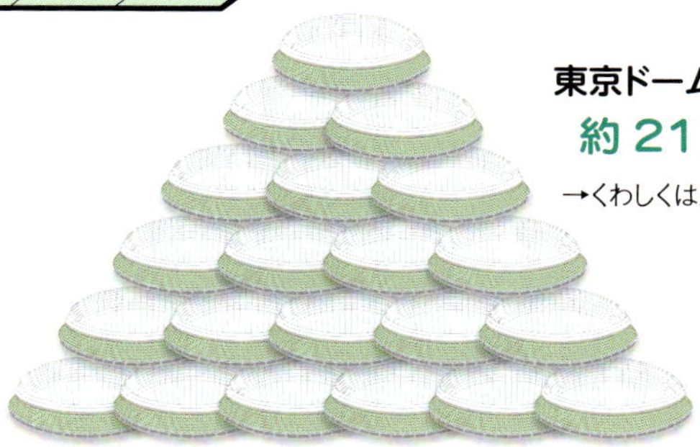

東京ドームの広さ
約 21 個分
→くわしくは28ページ

明治神宮の境内と
代々木公園を合わせた広さ
約 1.24km^2

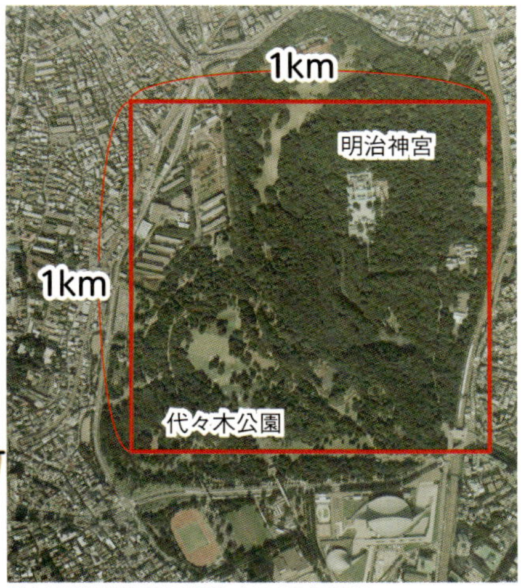

国土地理院撮影の空中写真（1998年撮影）

地図の上の 1km^2

地図の縮尺	1/10000	1/25000	1/50000
一辺の長さ	10cm	4cm	2cm
地図上の面積	100cm^2	16cm^2	4cm^2

上の表をもとに、持っている地図の縮尺を見て、地図の上に1km^2の正方形が書ける。

メートルをもとにした広さの基本の単位

【a】アール

平方メートル【m^2】と平方キロメートル【km^2】では、100万倍の大きなちがいがあり、その中間の広さ（面積）を表すのに不便です。そのため田畑などの広さを表すときなどは、アール【a】を使います。縦10メートル【m】、横10mの長さの線でかこまれた四角形の面積が1aで、100m^2にあたります。

関係のある単位
長さ m →16ページ
広さ m^2 →26ページ

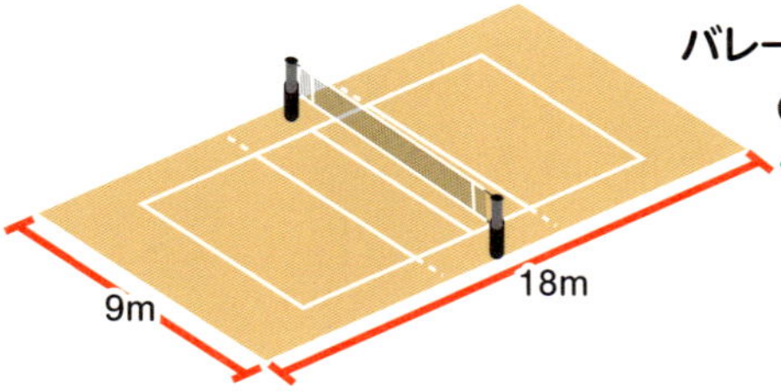

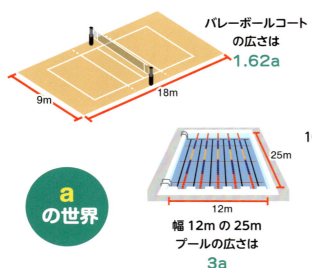

バレーボールコートの広さは
1.62a

a の世界

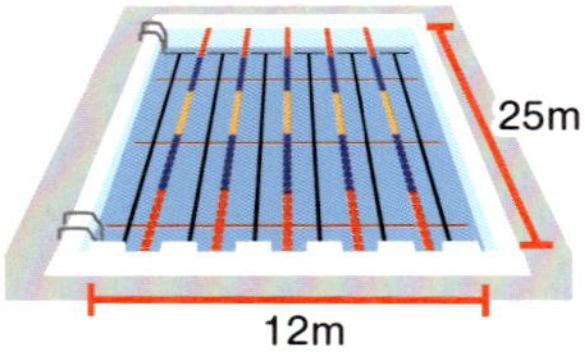

幅 12m の 25m プールの広さは
3a

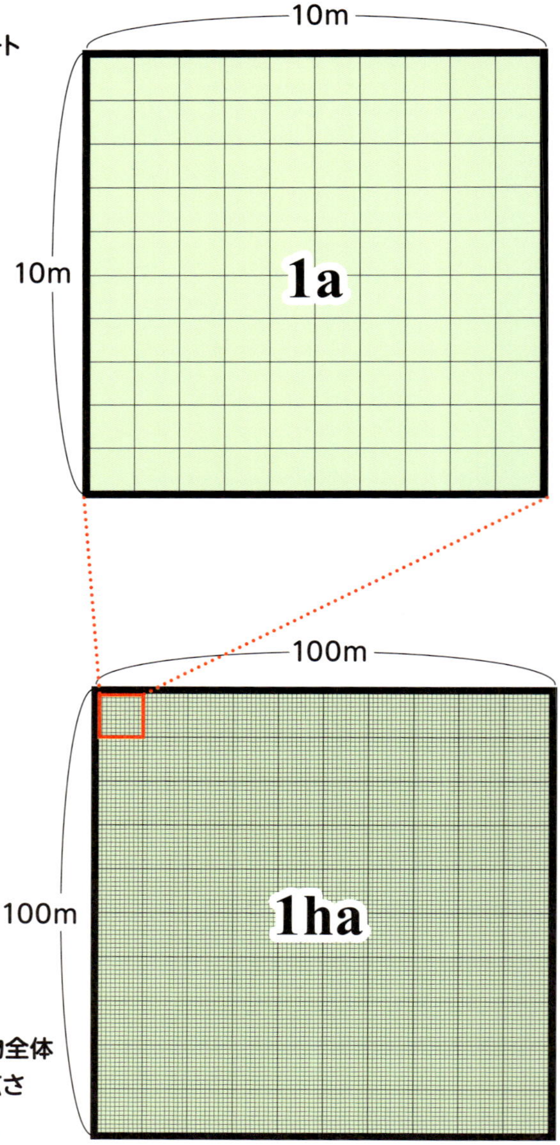

【ha】ヘクタール

アール【a】の100倍の広さを、ヘクタール【ha】といいます。田畑よりも広い場所、公園や森林の広さを表すときなどに使います。縦100m、横100mの長さの線でかこまれた四角形が1haで、1万m^2にあたります。

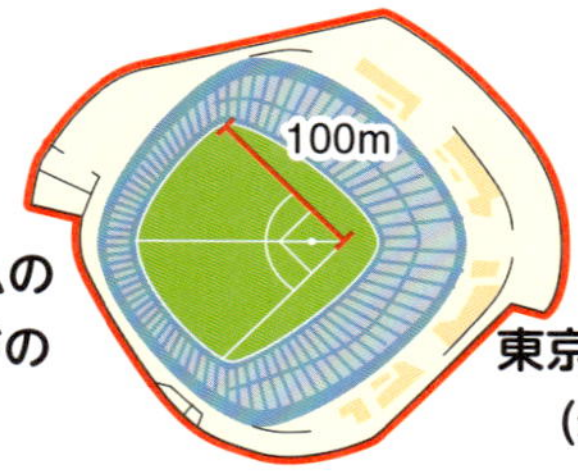

東京ドームのグラウンドの広さは
1.3ha

東京ドームの建物全体（赤線内）の広さ
約 4.7ha

たくさんある広さの単位をまとめる

広さを比べよう

部屋や家の広さ（面積）を表すときは平方メートル【m^2】、田畑などの広さを表すときはアール【a】、森や公園の広さを表すときはヘクタール【ha】や平方キロメートル【km^2】、都道府県や国の広さなどを表すときにもkm^2が使われます。このように広さを示すものによって、見やすいように単位が変わることがよくあります。広さどうしを比べやすいように、単位をそろえるときに、大きさのちがいをイメージできるようにしましょう。

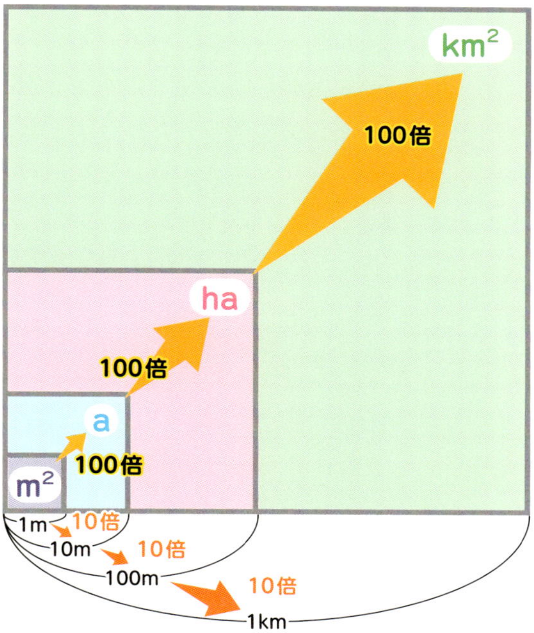

正方形の面積で考えると、一辺の長さが10倍になるごとに面積は100倍になる。

m^2は漢字だと平方米（メートル）と書く。そのため部屋の広さを表すときなどに、平米（へいべい）やへーべーと略すことがある。

	広さ＼表す単位	km^2	ha	a	m^2	cm^2	
	$1km^2$	1	100	10,000	1,000,000 （100万）	10,000,000,000 （100億）	$\frac{1}{100}$
×100	1ha	0.01	1	100	10,000	100,000,000 （1億）	$\frac{1}{100}$
×100	1a	0.0001 （1万分の1）	0.01	1	100	1,000,000 （100万）	$\frac{1}{100}$
×100	$1m^2$	0.000001 （100万分の1）	0.0001	0.01	1	10,000	$\frac{1}{10000}$
×10000	$1cm^2$	0.0000000001 （100億分の1）	0.00000001 （1億分の1）	0.000001 （100万分の1）	0.0001 （1万分の1）	1	

「広さ」の単位につく数値に、上の表の「広さ」と「表す単位」が交わるマスの数値をかけたり割ったりすると、表す単位にそろえられる。

生活に役立つ

日本の広さの単位

今でもよく聞く、坪や畳といった日本の広さの単位は、尺や寸という長さの単位をもとにしています。坪は1間（= 6尺＝約1.82メートル【m】）四方の広さで、約3.3平方メートル【m^2】です。坪は、おもに家をたてる土地や部屋の大きさを表すのに使います。

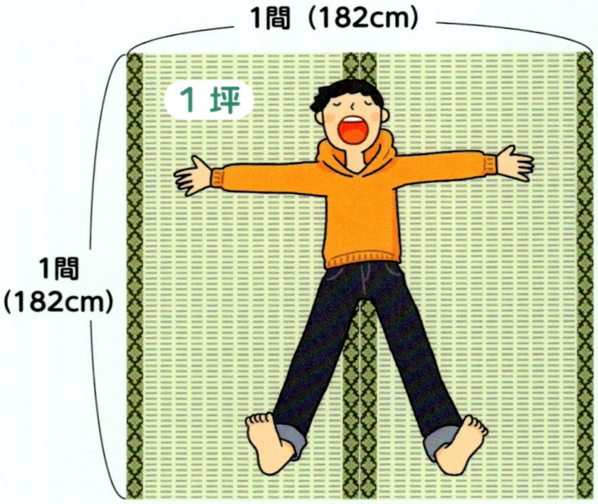

1坪は、大人が手足を広げて寝ころがれるぐらいの広さ。

地域で変わる畳の大きさ

1坪は、およそ畳2枚分で、この大きさを2畳といいます。部屋の大きさの目安として、○畳という単位がよく使われますが、1畳の大きさは、実ははっきりと決まっていません。京都府より西でおもに使われる京間、東京都から東や北でおもに使われる江戸間、愛知県や岐阜県、北陸地方などで使われる中京間は、それぞれ大きさがちがいます。

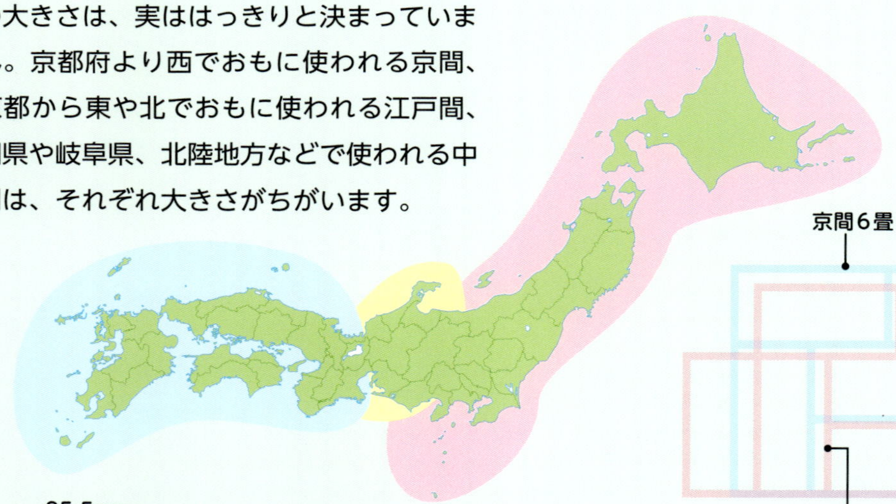

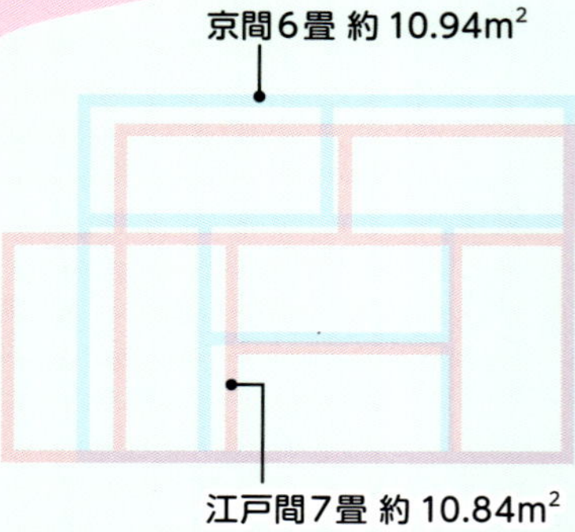

どの地域の畳であるかによって同じ畳数でも部屋の広さが変わる。

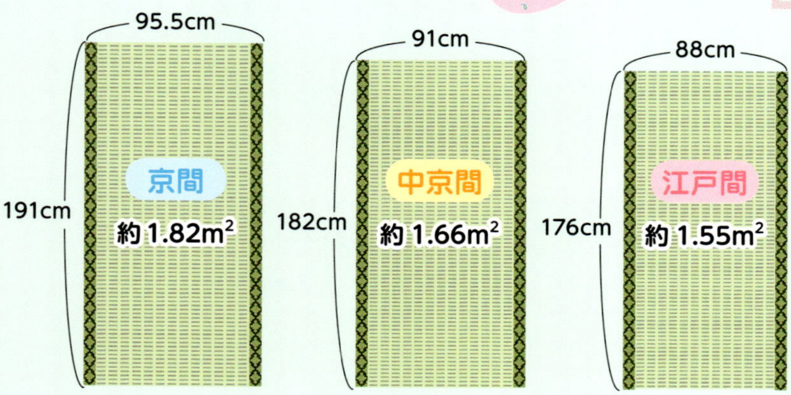

田んぼの大きさを表す

家の土地や部屋の大きさを表す坪に対して、田畑などの大きさは歩を使います。１歩は１坪と同じ大きさで、より広い面積を表すために、畝、反（段）、町を使います。１町は10反、1反は10畝、１畝は30歩になります。

また、かつては１反の田んぼでとれる米は、大人１人が１年間で食べるお米の量（１石→51ページ）と決められていました。

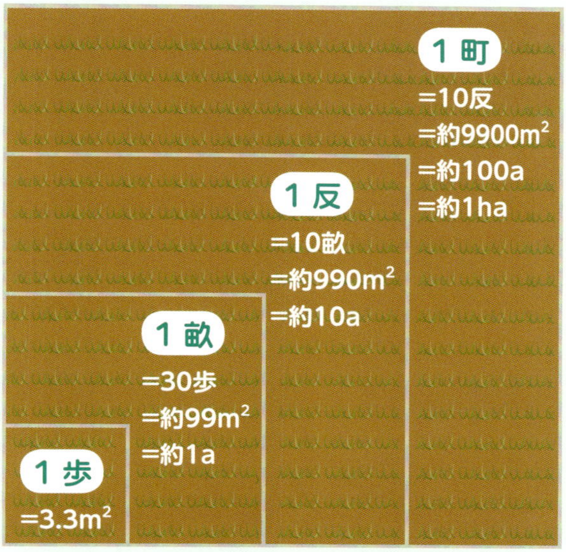

1反は約10aで、1町は約1haの大きさになる。反と町は、それぞれ広さの単位であるとともに、長さの単位としても使われる。長さの単位としては、1反=6間、1町=60間である。

１食にごはんを２杯（１日に６杯）食べるとしたときの、１年分のお米がとれる田んぼの大きさが１反。

耕す畑の広さを表す単位

アメリカやイギリスで使う広さの単位にエーカー【ac】があります。1acは、もともと雄牛２頭ですきを引いて、１日で耕せる畑の広さをさしています。1acは、国際単位系だと約4047m²（約40.5アール【a】）です。1.3ヘクタール【ha】（=130a）の東京ドームのグラウンドは約3.21acなので、１日でグラウンドすべてを耕すには、雄牛６頭だと少し足りず、８頭いれば確実にできるということがわかります。

図形で使う記号

数学には、図形の面積を計算するだけでなく、図形そのものの性質を学ぶ幾何学があります。平面図形の性質を学ぶ上で、図形をつくる線や、角度、図形の特徴を表すのにさまざまな記号が使われます。

$\overline{AB}$

線分

ABの上に横線が入っている記号。点Aと点Bを結ぶ直線を表す。

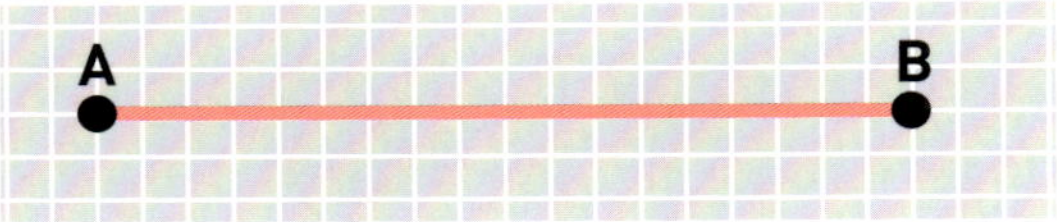

//

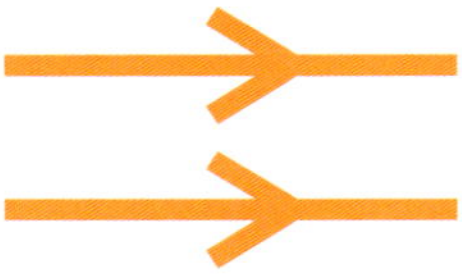

平行

どこまで伸ばしても決して交わらない2本の直線を平行という。直線aとbが並行のとき、a // b（またはa ∥ b）と書き、a並行bと読む。図形には、平行な線同士に矢印の先のような形を書く。

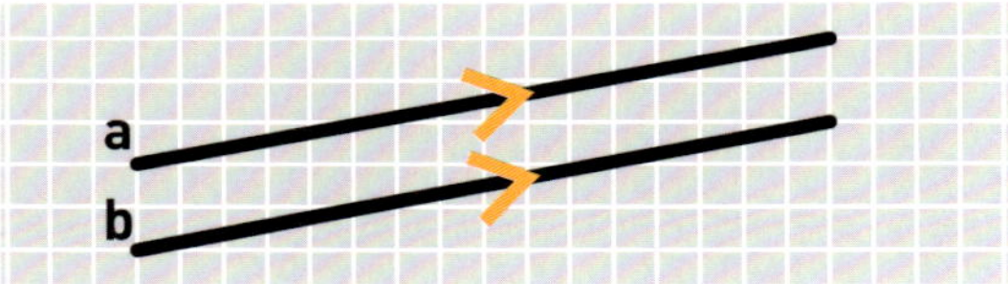

$\overset{\frown}{AB}$

弧

円周上に2点A、Bがあるとき、点Aから点Bにかけての円周の一部を弧ABという。また点ABを結ぶ直線を弦ABという。

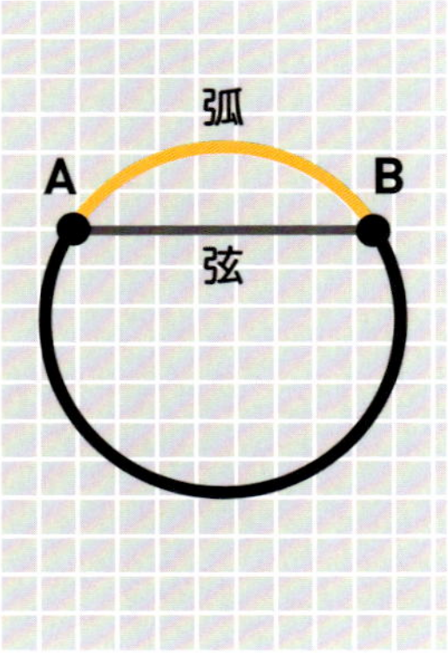

∠ABC

角度

線分ABと線分BCが点Bで交わっているときの角度を表す。

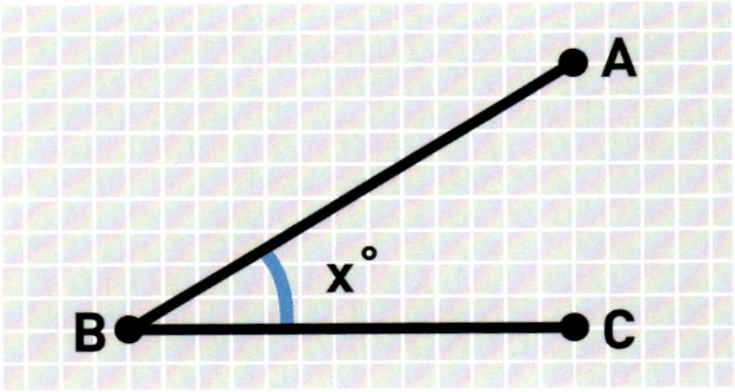

⊥

垂直

2本の線が角度90度で交わっていることを表す記号。AB⊥CDと表す。

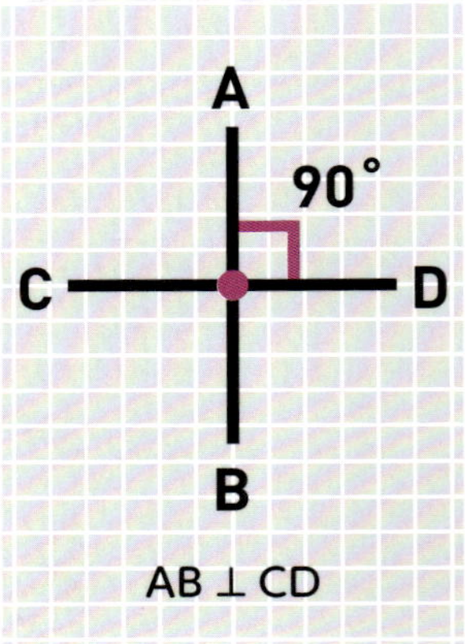

∟

直角

90度の角度を表す。直角を持つ三角形を、直角三角形という。

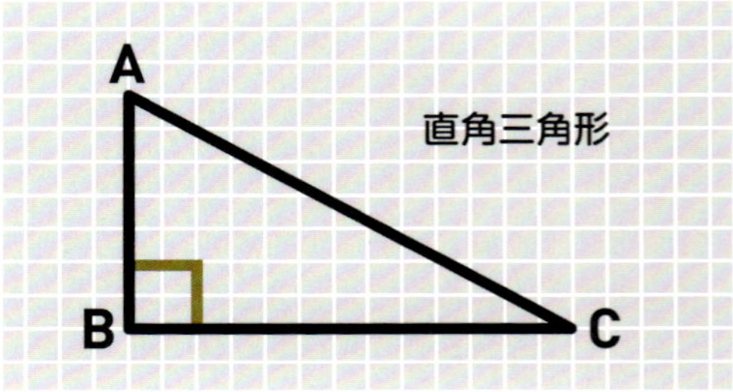

△ABC

三角形

点A、点B、点Cを直線でつなぐとできる三角形を表す。

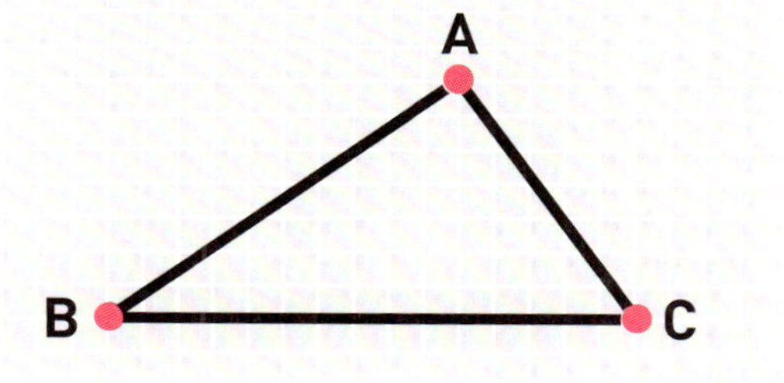

▱ABCD

平行四辺形

向かい合った2組の辺が、それぞれ平行な四角形を平行四辺形という。

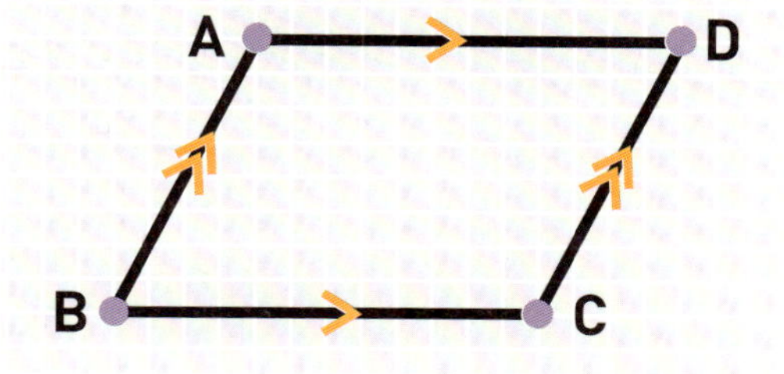

長さが等しい

線分の長さが等しいことを表す。2辺の長さが等しい三角形を、二等辺三角形という。

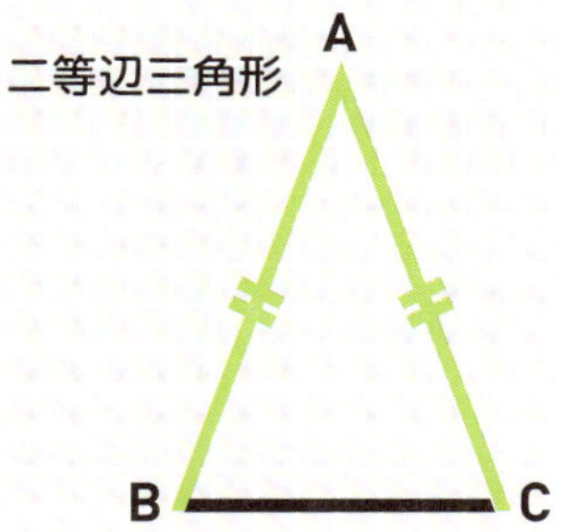

等分

１本の線を2本に分けたときの長さが等しいことを表す。

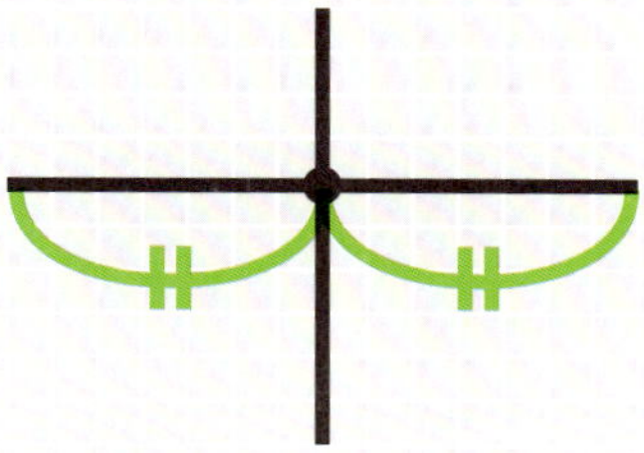

≡

合同

辺の長さと角度が同じ２つの図形を合同といい、△ABC≡△DEFと表す。

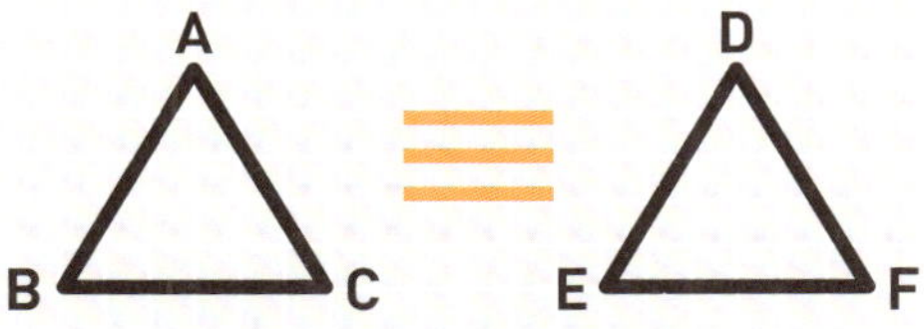

△ABC≡△DEF

∽

相似

どちらかを拡大または縮小することで、重なり合う形を相似といい、△ABC∽△DEFと表す。

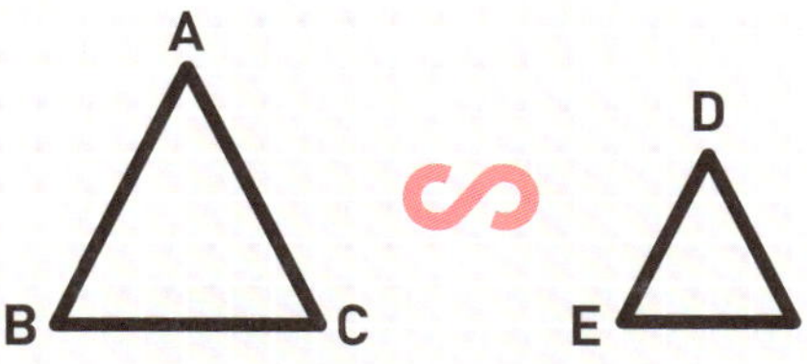

△ABC∽△DEF

いろいろな角度を表す単位

【°】度

度【°】は、１つの点からのびた２本の直線によってできた角の大きさを表す単位です。国際単位系（SI）では、ラジアン【rad】（→38ページ）という単位を使うことが定められていますが、度が世界中で一般的に使われているため、ラジアンとともに使ってよいことが認められています。度は、線と線が一周した円を360°として、その半分である、線と線が直線になる角度を180°、円の４分の１となる角度を90°（直角）と決めています。

時計の針がつくる角度

時計の短針は、1日12時間で０度から360度回転し、短針と様々な角度をつくる。

関係のある単位

長さ 海里 → 22 ページ
時間 h → 70 ページ

２時の長針と短針がつくる角度は、60°。０°から90°未満の角度を鋭角という。

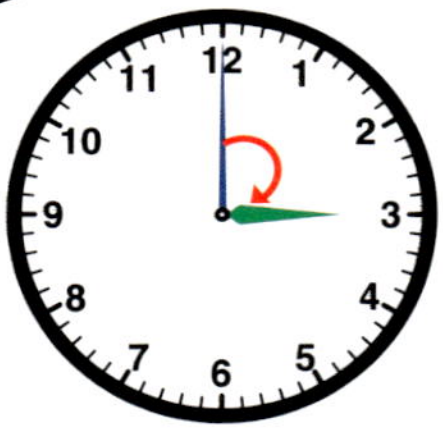

３時の長針と短針がつくる角度は、円の４分の１で、90°。これを直角という。

４時の長針と短針がつくる角度は、120°。90°から180°未満の角度を鈍角という。

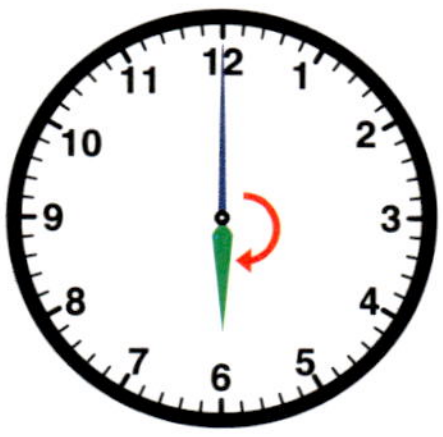

６時の長針と短針は直線をつくる。これが180°。

9時の長針と短針がつくる角度は、円の４分の３の270°。

長針の１分間は６°、短針の１時間は30°動く。

角度をはかる道具

角度を調べる道具が分度器。分度器は、０°の目盛りにはかりたい角をつくる線の一方を当て、もう一方の線の目盛りを読む。右の図の、━ と ━ がつくる角度は40°で、━と ━がつくる角度は140°。

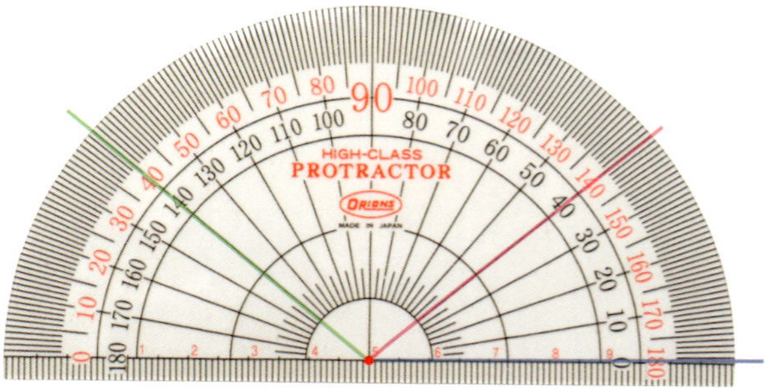

°の世界

三角形の
サンドイッチの角度
約45°

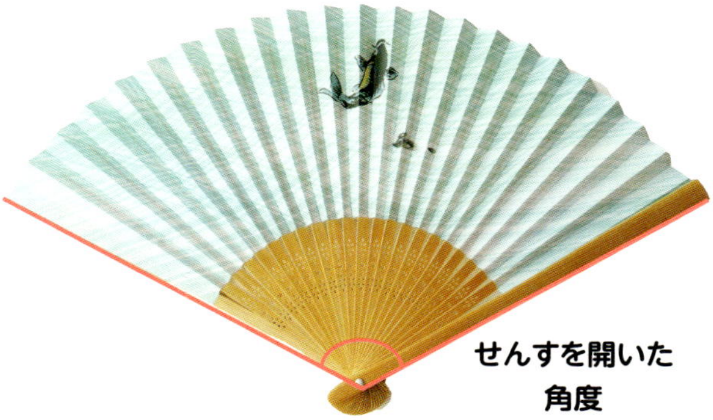

せんすを開いた
角度
約120°

6等分したピザに
できた角度
約60°

度よりも小さい分【 ' 】と秒【 " 】

１°よりも小さい角度を表すのに、分（ふん）【 ' 】と秒（びょう）【 " 】を使います。60分が１度で、60秒が１分です。これを六十進法といい、古代メソポタミアから広まり、現在、角度や時計に使われています。赤道を０°として南北の位置を示す緯度、イギリスの旧グリニッジ天文台を通って北極点と南極点を結ぶ本初子午線を０°として東西の位置を示す経度は、その両方を分、秒まで示すことで、場所を細かく指定できます。例えば、東京駅を北緯35° 40′ 52″、東経139° 46′ 2″として、示すことができるのです。

どうして円が 360 度？

円をぐるりと1周した角度は、360度【°】と決められています。この360という数字は、大昔の人たちが天体の動きから1年という時間を決めたとき、1年の長さが約360日になると考えたことがもとになっています。

星の位置を、毎日同じ時間に観察すると、約1年で円をえがくように1周するため、そこから、円を360等分して、度という単位がつくられました。

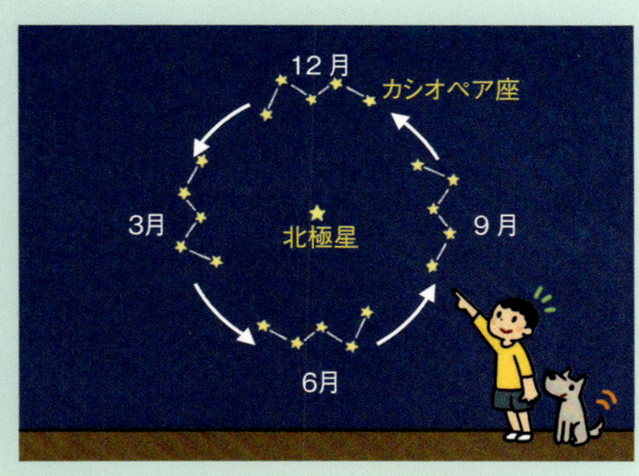

北極星の近くにあるカシオペア座は同時刻に見ると、３か月に約90°ずつ夜空を移動するように見える。

こんなところで役立つ!?

いろいろなものの角度

手を使って角度をしらべよう

夜空で、星を探すときに使う星座早見盤や星図には、地平線を０度【°】、自分が見上げる空の真上（天頂）を90°として、星の高さが描かれています。また、星座の大きさをはかるときに、星と星の見かけの距離を角度で表します。ところが、分度器は夜空になかなか使えません。

そこで、自分の体を使っておおよその星の角度を調べる方法があります。右の図を参考に、夜空の星の角度をはかってみましょう。

手の形でおおまかな角度がわかる。高さ30°の星をさがすときは、うでをまっすぐのばし、片目をつぶって地平線とこぶしの下のはしを合わせ、ひらいた手を重ねる。

見える広さの角度

目を動かさずに目に見える範囲を視野といい、その大きさは角度で表します。ヒトは、片目だけで見える範囲をふくめて約200°、草食動物の多くは約300°～360°という広い範囲を見わたせます。近づく敵により早く気づくために、草食動物は広い範囲の視野をもつようになりました。

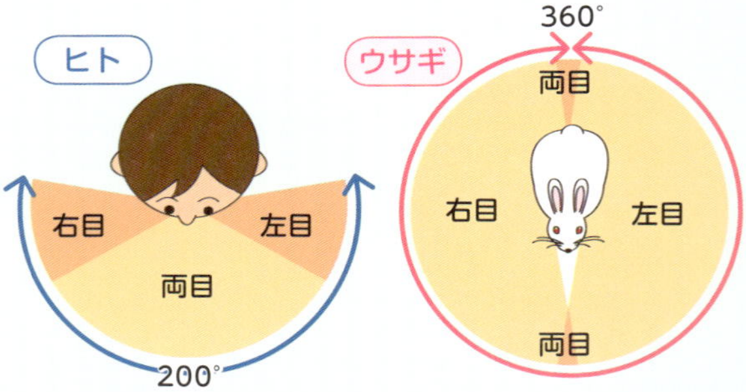

ウサギは顔の横に目がついているため、視野の角度が大きく、片目だけで見える範囲をふくめて360°見ることができる。そのため、近づく敵にいち早く気づける。

おぼえて使える三角形の内角の和

図形の内側の角を内角といいます。三角形には内角が3つあり、どんな形の三角形でも、内角をすべて足した「内角の和」は180°になります。実際に、角を切り取ってならべれば、直線ができることがわかります。

では、四角形や五角形、六角形の内角の和は、何度になるでしょうか。四角形の場合、向かい合った角に線を引くと三角形が2つできます。すると、三角形の内角の和は180°なので、それが2つある四角形の内角の和は360°です。図形の中に三角形をつくれば、内角の和が五角形で540°、六角形で720°とわかります。

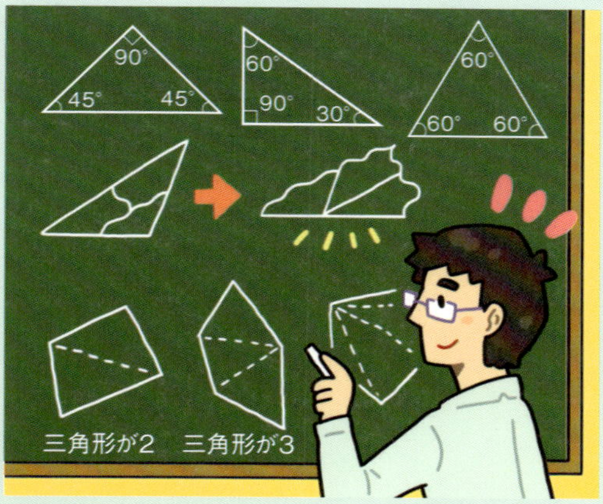

三角形がいくつ入っているのか、角と角に線を引いて考えてみましょう。

こんなところで役立つ角度

わたしたちの生活の中に、気づかないところで役立っている角度があります。それは、駅のプラットホームの中央から線路につけられた1°ほどの非常に小さなかたむきです。これは、ホームに雨がふりこんだり、水がこぼれたりしたときに、水が線路側へと流れるようにつくられた角度です。このかたむきがないと、水が長い間ホームの上に残ってしまいます。

水が残ってしまうと、人がすべって転んだりする可能性があるため、安全に駅を使うためにつくられている。

コラム 国際単位系における角度の単位

よく使われる角度の単位の度【°】は、六十進法で成り立っています。しかし、国際単位系（SI）は十進法が使われているため、【°】との相性があまりよくありません。そこで、国際単位系では長さをもとに角の大きさを表す単位ラジアン【rad】が定められています。

半径の長さを基準とした角

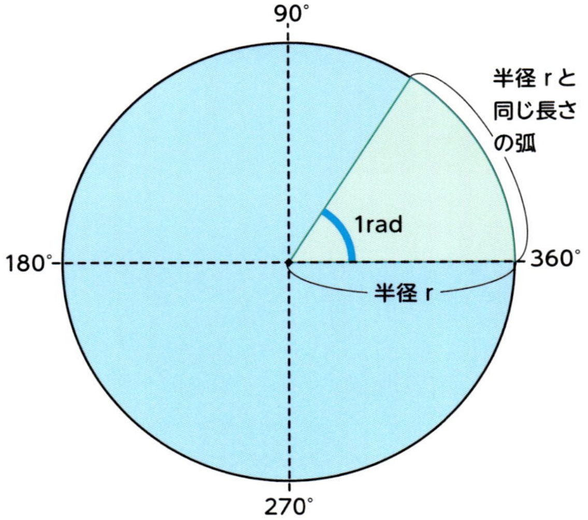

ラジアン【rad】は、角の大きさを表す単位です。半径rと同じ長さの弧が切りとってできた角を1 radと表します。たとえば、半径5 cmの円があったとすると、弧の長さ5cmがつくる角度が1 rad、弧の長さ10cmがつくる角度が2radです。

360度は2π rad、270度は3/2π rad、180度はπ rad、90度は1/2π radになります。ここから1 radは、およそ57°となることがわかります。

このラジアンという単位は、半径を意味するラテン語の"radium（ラディウム）"からきています。

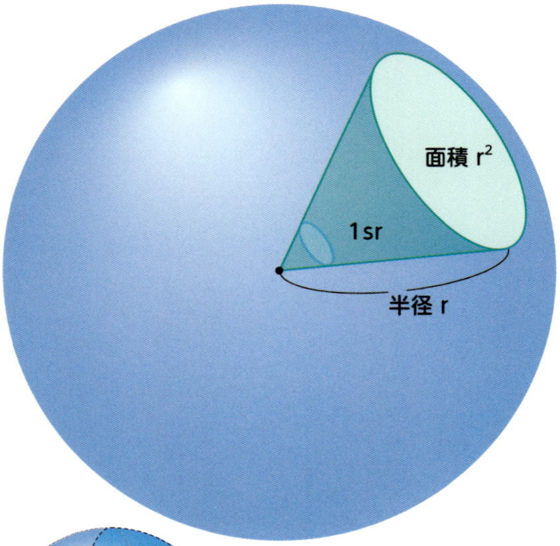

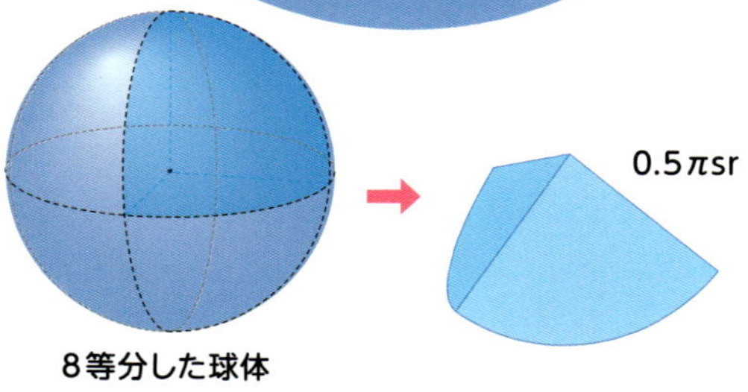

8等分した球体

立体の角の大きさを表す

平面角の大きさを表す単位がradですが、立体角の大きさを表す単位にステラジアン【sr】があります。立体角は、錐体（円錐形の立体）の頂点から見た空間的広がりを示します。1srは、半径rの球の表面をr^2の面積だけ切りとる、球体の中心を頂点とした錐体がつくる角の広がりです。

球体の全表面（4πr^2）が中心にたいしてつくる立体角は、4π sr。球体を8等分したときにできる錐体の立体角は、0.5π srと表すことができます。

また、この立体角は光の明るさや強さを表すカンデラ【cd】やルーメン【lm】（→107ページ）にも関わっています。

第2章 かさと質量にかかわる記号と単位

mL m³ 匁 kg gal mg 升 t

かさは、面によってかこまれた範囲の広がりを表わす言葉で、体積や容積ともいいます。ものが空間に占める大きさを表し、ものの質量や重さにもかかわってきます。この章では、かさや重さに関係した単位や記号を紹介します。

メートルをもとにしたかさの単位

【m^3】立方メートル

かさ（体積）の基本の単位は、国際単位系として国際的に定められた長さの単位であるメートル【m】をもとにした立方メートル【m^3】を使います。縦 1 m、横 1 m、高さ 1 mの長さの線でかこまれた立体（立方体）のかさが、1立方メートル【m^3】です。かさをさす体積という言葉は、立体の縦・横・高さの辺の長さをかけた積という意味です。単位にある立方も、ある数を3度かけ合わせることをいい、単位にも三乗の3がついています。

関係のある単位

長さ m → 16 ページ　広さ m^2 → 26 ページ
かさ L → 44 ページ

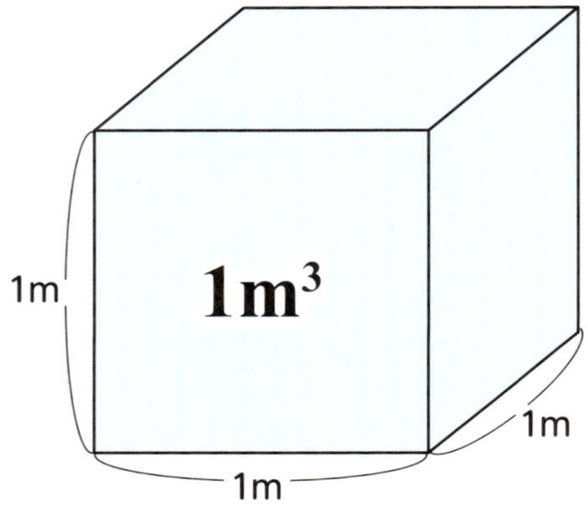

m^3 の世界

厚さ約 8mm

雑誌『子供の科学』の 2702 冊分が
約 1m^3

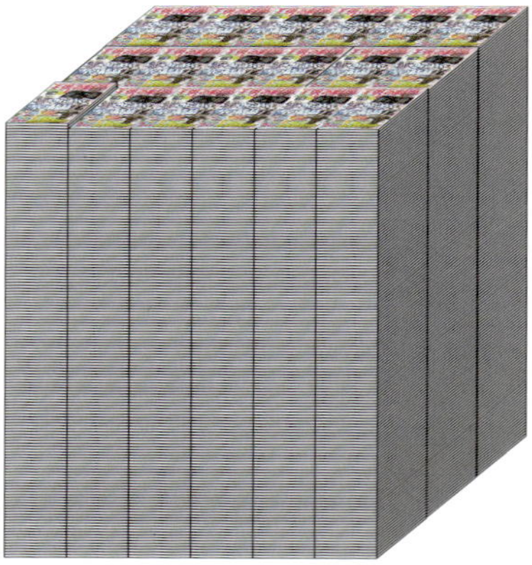

製品の画像はイメージです。

約 600 Lの冷蔵庫の大きさが
約 1m^3

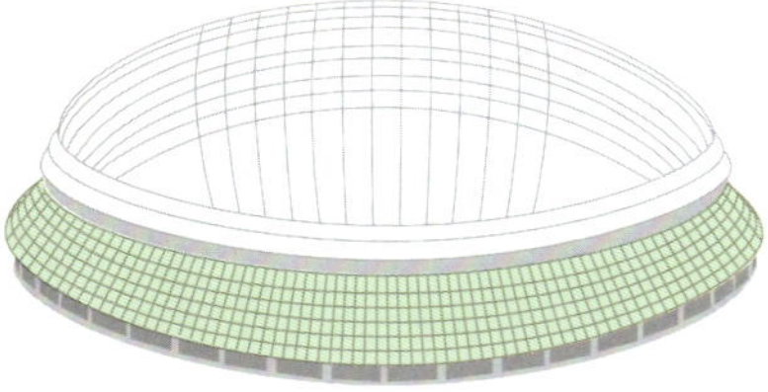

東京ドームの大きさは
約 124 万 m^3

【cm³】立方センチメートル

かさの単位で、縦1センチメートル【cm】、横1cm、高さ1cmの長さの線でかこまれた立体（立方体）の体積が1立方センチメートル【cm^3】です。m^3の100万分の1になります。

関係のある単位
長さ cm → 18ページ　広さ cm^2 → 26ページ
かさ mL → 47ページ

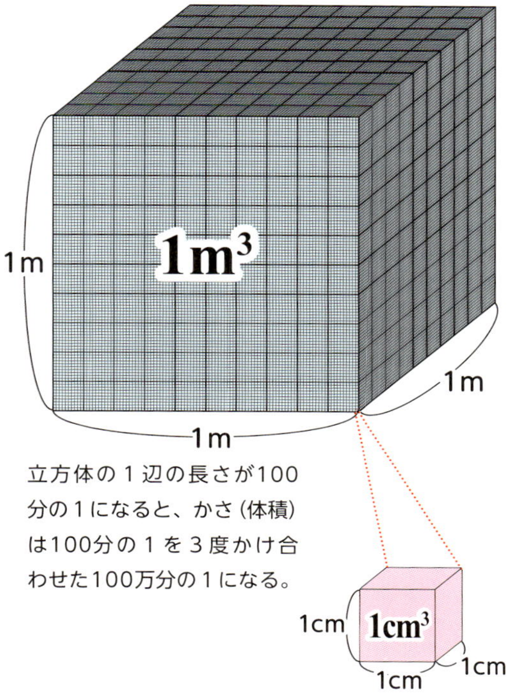

立方体の1辺の長さが100分の1になると、かさ（体積）は100分の1を3度かけ合わせた100万分の1になる。

cm^3の世界

角砂糖1粒は
約1cm^3

じつはよく見る立方センチメートル

計量カップや計量スプーンなどには、よくシーシー【cc】と表示されています。ccは、英語の「キュービック センチメートル（cubic centimetre）」の頭文字です。キュービックは立方体という意味なので、まさにccは立方センチメートル【cm^3】という意味の単位なのです。ただし、国際的な単位としては、かさや体積を表す単位にはcm^3を使うように決められています。そのため、ccはものを売り買いするときなどの正式な場では使わないよう定められました。今後、だんだんと見かけなくなるかもしれません。

巨大なかさを表す単位

【km^3】立方キロメートル

縦１キロメートル【km】、横１km、高さ１kmの長さの線でかこまれた立方体の体積が１立方キロメートル【km^3】です。$1m^3$の10億倍の大きさです。

関係のある単位

長さ km → 18 ページ　広さ km^2 → 27 ページ
かさ kL → 46 ページ

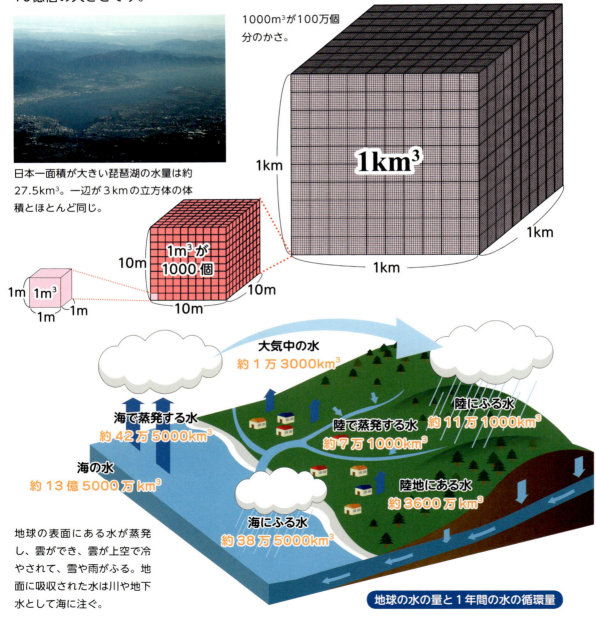

日本一面積が大きい琵琶湖の水量は約$27.5km^3$。一辺が３kmの立方体の体積とほとんど同じ。

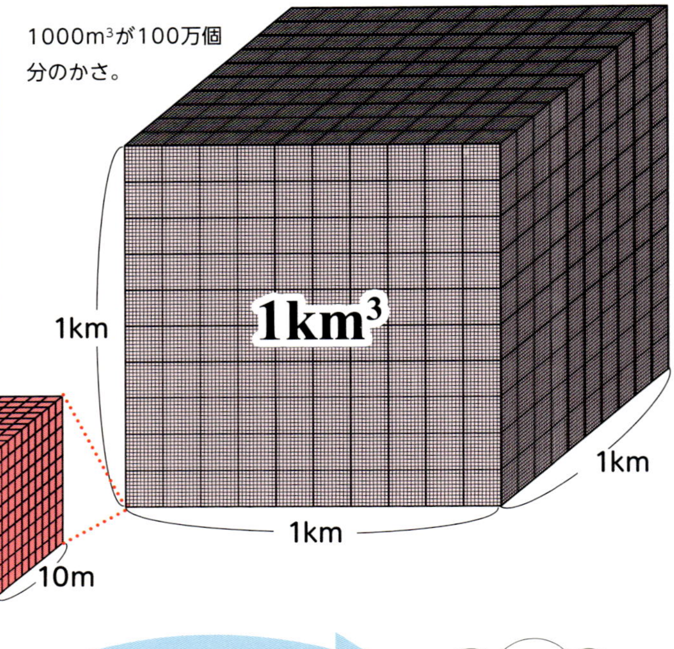

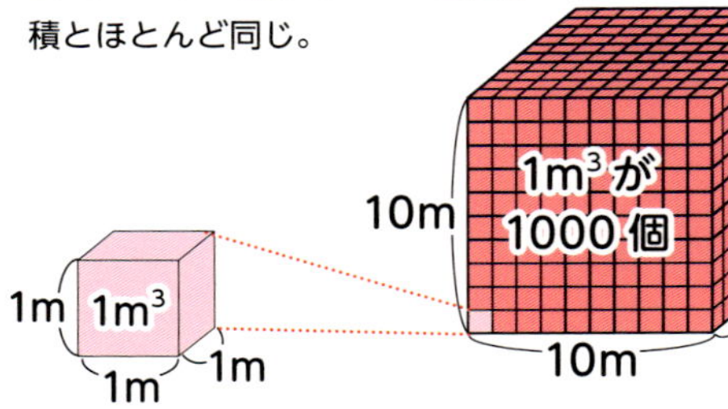

地球の水の量と１年間の水の循環量

地球の表面にある水が蒸発し、雲ができ、雲が上空で冷やされて、雪や雨がふる。地面に吸収された水は川や地下水として海に注ぐ。

長さからかさを考える

かさを比べよう

かさ（体積）は、縦と横の長さをかけた広さ（面積）に、高さの長さをかけた値です。そのため、１辺の長さが100倍になれば、面積が1万倍になったのに対し、体積は100万倍になります。私たちの身のまわりにある小さなかさと、湖のような大きなかさを比べるときは、１辺の長さの単位に気をつけて、かさの単位をそろえて比べましょう。

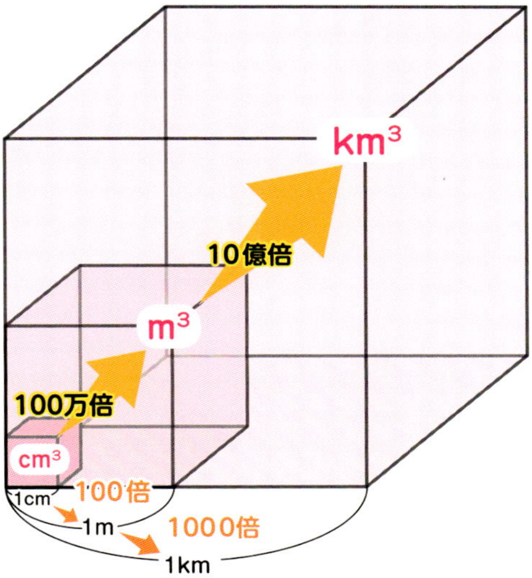

かさ ＼ 表す単位	km³	m³	cm³
1km³	1	1,000,000,000（10億）	1,000,000,000,000,000（1000兆）
1m³	0.000000001（10億分の１）	1	1,000,000（100万）
1cm³	0.000000000000001（1000兆分の１）	0.000001（100万分の１）	1

（左：×10億、×100万　右：1/10億、1/100万）

単位をそろえるとき、「かさ」の数値に上の表の「かさ」と「表す単位」が交わるマスの数値をかけると、表す単位にそろえられる。それぞれの単位が、別の単位の何倍か、または何分の１かをおぼえると、計算しやすくなる。

体積と容積、なにがちがうの？

かさ（体積）は、あるものが空間をしめる大きさを指します。体積とよく似た言葉に容積がありますが、こちらは容器に入るあるものの量（容量）を指し、容器の内がわの大きさから求めます。物理などの科学的なところで使う時は、容積と体積は、あまり区別することはありませんが、生活の中では、実際の器の厚みの分だけ、容積と体積の大きさはちがうことがあります。

容積を表す単位

【L】リットル

立方メートル【m^3】は、国際的に定められた体積や容積を表す単位で、とくに水などの液体や、気体、粉状のものの量を表すのに、リットル【L】という単位も使うことが認められています。縦10センチメートル【cm】、横10cm、高さ10cmの長さの線でかこまれた立体（立方体）の体積が１Lです。つまり１Lは、1000立方センチメートル【cm^3】と同じ値です。

関係のある単位

長さ cm → 18 ページ　広さ cm^2 → 26 ページ

かさ cm^3 → 41 ページ　質量 kg → 52 ページ

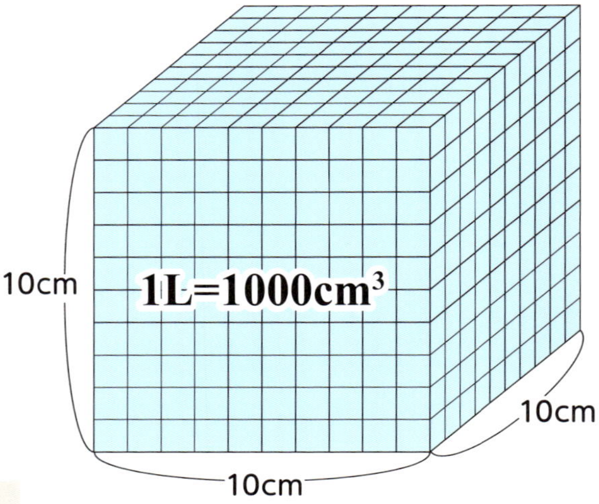

L の世界

高さ約24cm　高さ約31cm

牛乳パックの容量は1L

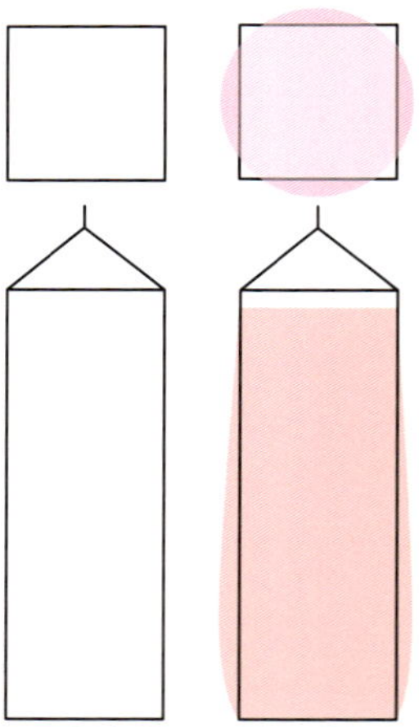

各辺の長さから計算すると、7 × 7 ×19.4=950.6で、 1 L (1000cm^3) にならない。しかし、牛乳を入れたとき、重みでパックがふくらみ、ちょうど１L入るようにできている。

変わる１リットル!?

メートル【m】の長さを決めたときに、体積のリットル【L】の大きさも決められました。はじめは、縦・横・高さが10cmの立方体の容積を１Lにしようとしていたのですが、そのときは１キログラム【kg】（→52ページ）の水の体積を１Lとすると定められました。しかし、その当時、質量の基準となるキログラム原器が１Lよりわずかに大きくできていたため、１Lは1000.028cm³になりました。しかし、あまりに不正確だったため、改めて「１L=1000cm³」と決められました。

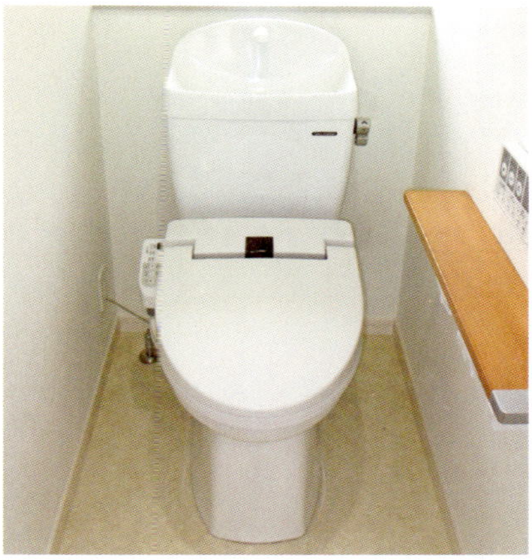

最近のトイレが一度に流す水の量
3～4L

小型のスーツケースに入る量
約 40L

かばんの大きさにも、リットルを使うことがある。

風船の大きさは、ふくらませた後の横はばで表す。

大きさ5インチ（約 13cm）の風船の中の空気
約 1.5L
（実物大）

リットルをもとにしたかさの単位

【dL】デシリットル

デシリットル【dL】は、かさの単位でリットル【L】の10分の1です。1Lは、1000立方センチメートル【cm^3】なので、1dLは100cm^3です。

生活の中では、あまり使われていません。

関係のある単位

かさ cm^3 → 41 ページ | かさ L → 44 ページ
質量 kg → 52 ページ

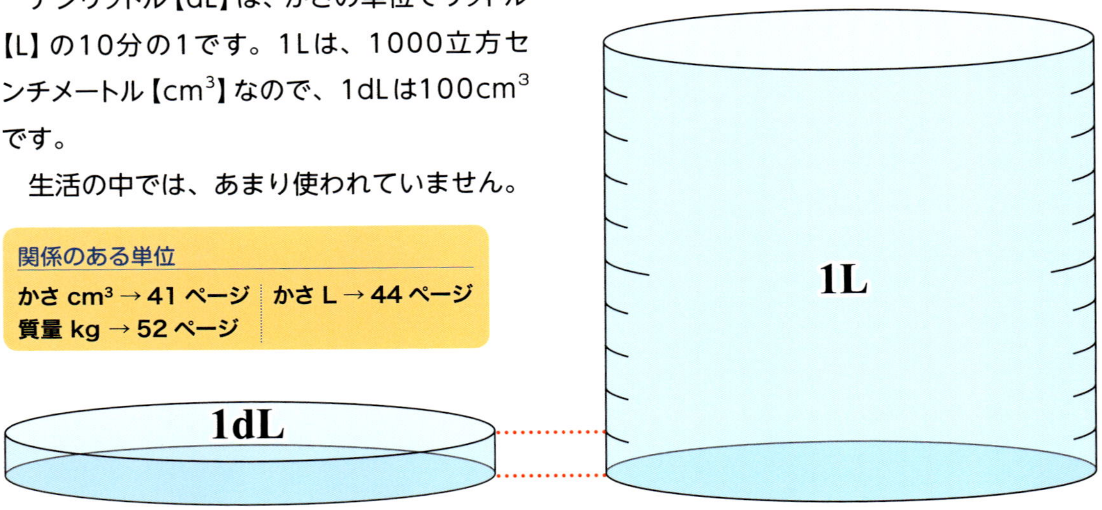

【kL】キロリットル

キロリットル【kL】は、かさの単位で、リットル【L】の1000倍です。1Lが1000立方センチメートル【cm^3】なので、1kLは100万cm^3、つまり1立方メートル【m^3】になります。これは、縦・横・高さ1メートル【m】の直方体のかさと同じです。

関係のある単位

長さ m → 16 ページ | 広さ m^2 → 26 ページ
かさ m^3 → 40 ページ

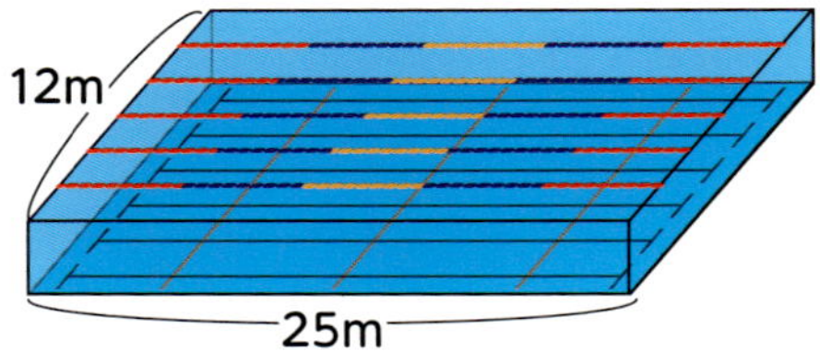

深さ1m の 25m プールは
300kL

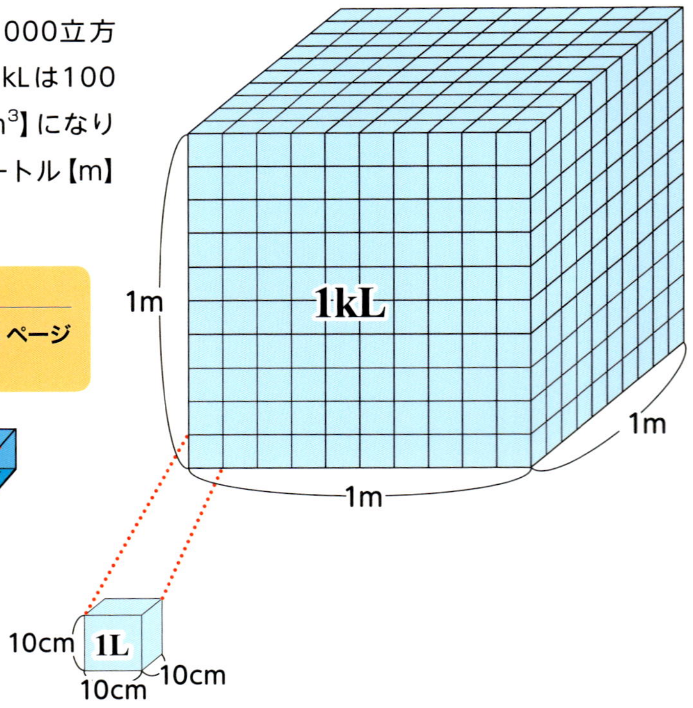

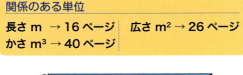

【mL】ミリリットル

ミリリットル【mL】は、かさの単位でリットル【L】の1000分の１、デシリットル【dL】の100分の１です。１mLは、１立方センチメートル【cm^3】、1シーシー【cc】（→41ページ）とも表せます。これは、縦・横・高さ１センチメートル【cm】の直方体のかさと同じです。

関係のある単位

長さ cm → 18 ページ
かさ cm^3 → 41 ページ
かさ L → 44 ページ

500mL
のペットボトルの容量
（実物大）

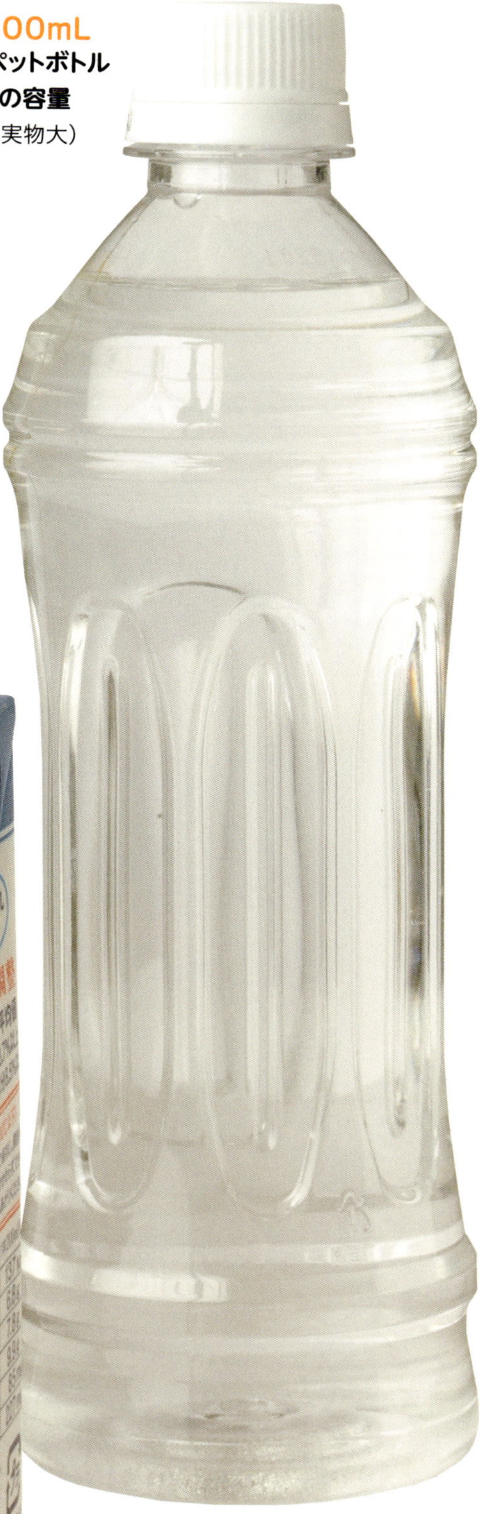

mL の世界

２Lや１Lのペットボトルと比べてみよう。

200mL
の飲み物の紙パックの容量
（実物大）

計量スプーンの容量
5mL
（実物大）

ミルクやガムシロップの容器の容量
5mL
（実物大）

立方メートルとリットル

単位がちがうかさを比べよう

かさの単位には、立方メートル【m^3】をもとにした立方センチメートル【cm^3】、立方キロメートル【km^3】と、リットル【L】をもとにしたミリリットル【mL】、デシリットル【dL】、キロリットル【kL】があります。これらのかさの量感がわかるようになると、大きさや高さが○センチメートル【cm】や○ミリメートル【mm】などの長さで表された器に、何Lの飲み物が入るのか、容量○Lのかばんに、どんな大きさのものが入るのかなどが考えやすくなります。

	表す単位 / かさ	km^3	kL	m^3	L	dL	cm^3	mL	
×10億	$1km^3$	1	1,000,000,000（10 億）	1,000,000,000（10 億）	1,000,000,000,000（1 兆）	10,000,000,000,000（10 兆）	1,000,000,000,000,000（1000 兆）	1,000,000,000,000,000（1000 兆）	$\frac{1}{10億}$
×1	1kL	0.000000001（10億分の 1）	1	1	1,000	10,000	1,000,000（100 万）	1,000,000（100 万）	1
×1000	$1m^3$	0.000000001（10億分の 1）	1	1	1,000	10,000	1,000,000（100 万）	1,000,000（100 万）	$\frac{1}{1000}$
×10	1L	0.000000000001（1 兆分の 1）	0.001（1000 分の1）	0.001（1000 分の1）	1	10	1,000	1,000	$\frac{1}{10}$
×100	1dL	0.0000000000001（10兆分の 1）	0.0001（1 万分の1）	0.0001（1 万分の1）	0.1（10 分の1）	1	100	100	$\frac{1}{100}$
×1	$1cm^3$	0.000000000000001（1000兆分の1）	0.000001（100 万分の1）	0.000001（100 万分の1）	0.001（1000 分の1）	0.01（100 分の1）	1	1	1
	1mL	0.000000000000001（1000兆分の1）	0.000001（100 万分の1）	0.000001（100 万分の1）	0.001（1000 分の1）	0.01（100 分の1）	1	1	

単位をそろえるとき、「かさ」の数値に上の表の「かさ」と「表す単位」が交わるマスの数値をかけると、表す単位にそろえられる。それぞれの単位が、別の単位の何倍か、または何分の１かをおぼえると、計算しやすくなる。

リットル記号の書き方

リットルは、国際的に使うことが認められているかさの単位です。記号には、筆記体の【ℓ】を見ることがありますが、基本的に単位の記号には筆記体は使いません。また、小文字の【l】は、数字の「1」とまちがえやすいため、大文字の【L】を使うようにすすめられています。

外国で使われるかさの単位

アメリカやイギリスの容積の単位

いろいろなガロン

イギリスやアメリカで使われるかさの単位にガロン【gal】があります。ふつうは液体に使い、アメリカでは１galが約3.8リットル【L】、イギリスでは１galが約4.6Lです。さらにアメリカでは、穀物をはかるときに使う乾量ガロン（1 gal=4.4L）があります。これらのちがいは、そもそもイギリスで使われていたワインガロンとビールガロン、穀物ガロンという３種類の単位を、イギリスとアメリカが別々に採用してできました。

ガロンをもとにした単位

１ガロン【gal】のかさ（量）は、ふだん使うには少し多いため、１ガロンの４分の１を１クォート【qt】、１qtの２分の１（１galの８分の１）を１パイント【pt】として使います。アメリカとイギリスでは、もともとの1galの量がちがうため、1qtも1ptも、量がちがいます。

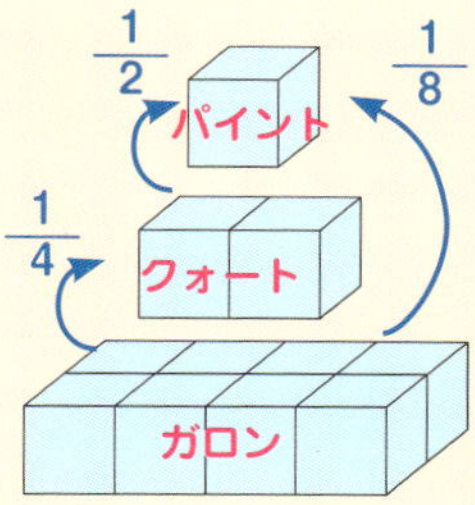

沖縄県では、クォートやパイントで牛乳が売られている。

アメリカで売られている１galの牛乳の容器。

© bestvc - Fotolia

アメリカとイギリスのちがい

	イギリス	アメリカ	乾量
１ガロン＝4クォート＝8パイント	約 4.6L	約 3.8L	約 4.4L
１クォート=2パイント	約 1.1L	約946mL	約 1.1L
1パイント	約 568mL	約 473mL	約 551mL

イギリスで使われるガロンは「UK gal」や「英ガロン」、アメリカで使われるガロンは「US gal」や「米ガロン」などと書かれることがある。また、乾量ガロン（ドライガロン）にたいして、液量ガロン（リキッドガロン）と書くこともある。

今でも使われる

日本のかさの単位

日本のかさ（容積）の単位には、合、升、斗、石があります。かさの単位の基本は升で、１合は１升の10分の１、10合が１升、10升が１斗、10斗が1石になります。日本のかさの単位は、立方メートル【m³】やリットル【L】のように尺や寸といった長さとは連係していないため、かさの単位はぴったり10倍ごとに変わります。

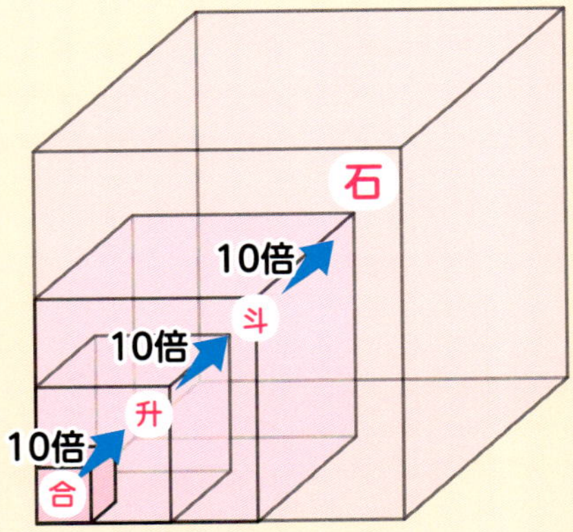

日本のかさの単位とリットル

1石	=10斗	=100升	1000合	=10000勺	約 180L（180391cm³）
	1斗	=10升	=100合	=1000勺	約 18L（18039.1cm³）
		1升	=10合	=10勺	約 1.8L（1803.91cm³）
			1合	=10勺	約 180mL（180.391cm³）
				1勺	約 18mL（18.0391cm³）

勺は、現在あまり使われない。

くらしの中に残る単位

升や合は、ものを売り買いするときに正式な基準としては使えませんが、今でもくらしの中で使われています。家の中で見つかるものでは、米用の計量カップは、液体用の計量カップとちがい、１杯が１合（=180ミリリットル【mL】）になっています。米をたく炊飯器の大きさも、○合炊きや○升炊きなど、炊く米の量で表されています。

ほかにも、日本酒やしょう油は、大きいもので1.8リットル【L】の一升びん、小さいもので720mLの四合びんや、900mLの五合びんなどで売られています。また、家庭では見かけませんが、業務用のペンキや油の缶に18L入りの一斗缶が使われています。

変わる升の量の決まり

もともと1升は、寸や尺と同じ体積を基準にした単位で、両手ですくいあげられる量、200ミリリットル【mL】ぐらいだったといわれています。

その後、時代や場所によって1升の大きさは変わりましたが、約400年前に豊臣秀吉が全国を統一すると、農民から作物を全国で同じように年貢として取るために1升を縦と横が約5寸、深さ約2寸5分の容器（一升ます）の容量に決めました。その後、江戸時代に、1升は縦と横が4寸9分、深さ2寸7分になります。農民から年貢を多くとるため、縦と横を小さくしたように見せながら、深さを増して、容積を大きくしたのです。

明治時代になると、メートル法のリットル【L】と対応させ、1升は約1.8Lになりました。

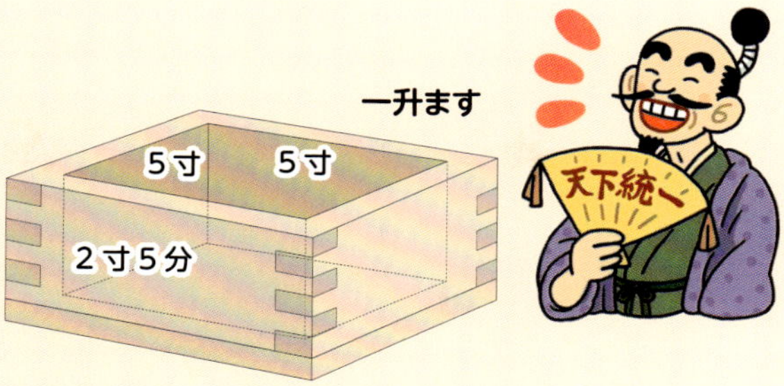

縦と横が5寸（50分）、深さ2寸5分（25分）で、1升は62500立方分（50×50×25）。

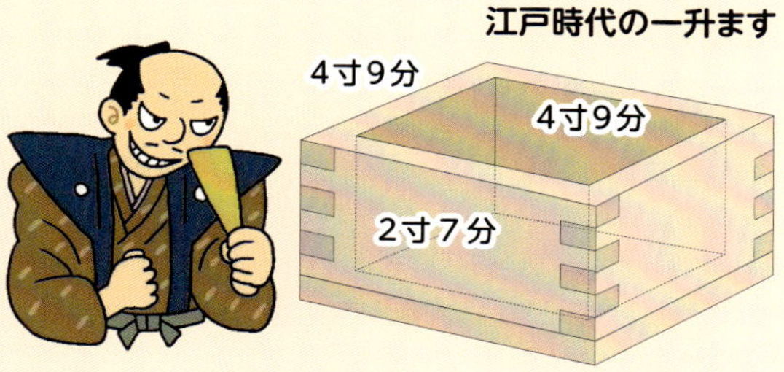

縦と横が4寸9分（49分）、深さ2寸7分（27分）で、1升は64827立方分（49×49×27）。江戸時代の人は1升を「64827」から「虫やフナ」などとおぼえた。

土地の豊かさを表す石

秀吉の時代以降、大名が治める土地を、「加賀百万石」などと、広さ（面積）ではなく、とれる作物の量（石）で表しました。昔の大人は1食にごはん2杯（米約1合）を食べ、1日に3合を消費するとされていました。そのため旧暦の1年で約360日分だと考えると、大人1人を生活させるためには年間で1080合、約1石の米が必要だとされていました。つまり「加賀百万石」とは、加賀の領地で百万人が1年間食べられる米を収穫できることを表したのです。

江戸時代は、藩士の給料をおもに米で払っていたため、この米の収穫量が藩の経済力や豊かさを示す指標であったと考えられます。

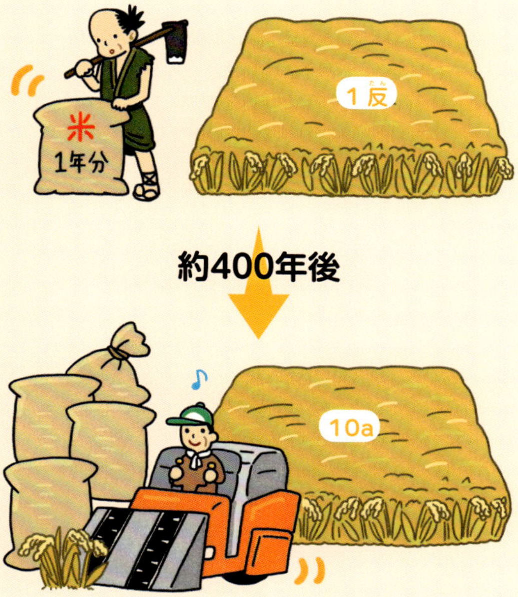

昔は1反（→31ページ）あたり米1石（重さ約150キログラム【kg】（→52ページ））がとれたが、現在は10アール【a】（約1反）あたり約530kgの米がとれる。

質量を表す単位

【kg】キログラム

質量を表すのに使うのが、国際単位系（SI）として国際的に定められた基本の単位であるキログラム【kg】です。現在は、国際キログラム原器の質量が1kgだとされています。この国際キログラム原器は、プラチナ90パーセント【%】（→82ページ）、イリジウム10%を合わせた金属でつくられた、直径と高さが約39ミリメートル【mm】の円柱型の分銅です。

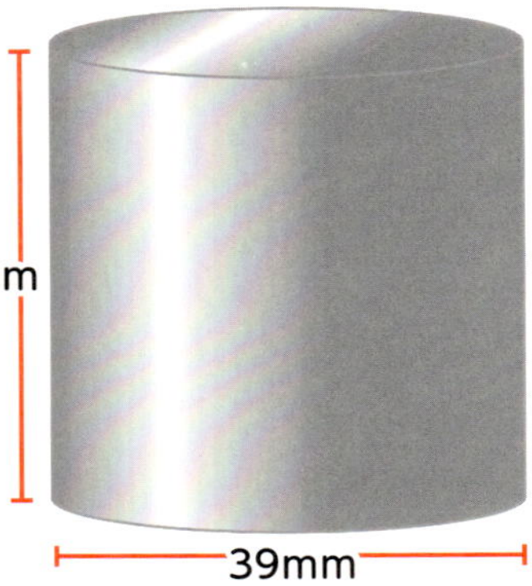

国際キログラム原器の分銅の大きさ（実物大）。

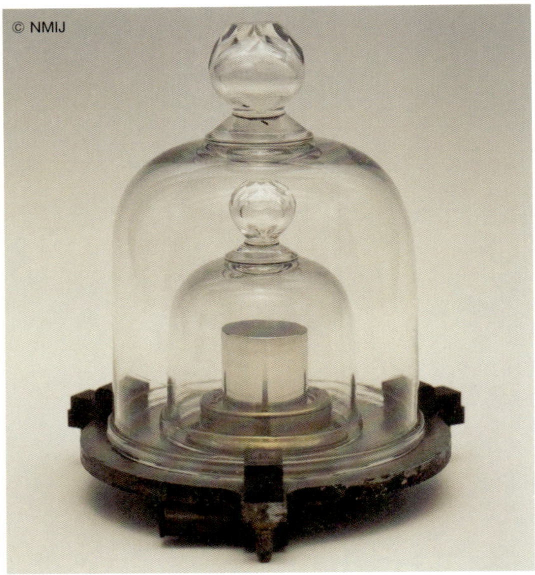

国際キログラム原器をもとにしてつくられた日本にあるキログラム原器。気温や湿度、傷などにより質量が変化しないよう、真鍮の台座につけられた水晶の円盤上におかれ、ガラスで２重におおわれている。

kgの世界

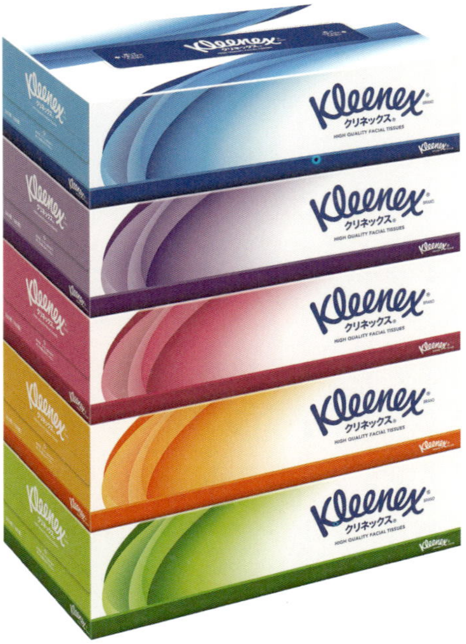

ティシュペーパー5箱
約1kg

1リットル【L】の水
1kg
（→45 ページ）

キログラム原器にさようなら!?

現在、kgはキログラム原器によって定められていますが、それがおかれた条件によって変化します。そのため長さのメートル【m】や時間の秒【s】のように物理的に不変なもの（物理定数）を基準とした定義がつくられようとしています。kgの定義は、次の2案が上がっていました。(1) 原子の数から質量を決めるアボガドロ定数によるものと、(2) 光子のエネルギーと質量を関係づけるプランク定数によるものです。

2018年秋の国際度量衡総会では、(2)の案での定義が採択される予定です。(2)の案は、$E=mc^2$というエネルギー（E）が質量（m）×光の速度（c）の二乗と等価とするアインシュタインの相対性理論と、$E=h\nu$という光電子の運動エネルギー（E）がプランク定数（$h=6.62607004\times10^{-34}$）×振動数（または周波数 ν）が等価という式が前提となります。

質量（m）に1kgを代入してプランク定数を定義すれば、1kgは周波数が［光速の二乗（c^2）/プランク定数（h）］ヘルツ【Hz】の光子のエネルギーと等価な質量と定義できるのです。

この定義で利用されるプランク定数は、アボガドロ定数との関係式が成り立つことがわかっていて、アボガドロ定数の測定値をより厳密に出すことで、ほぼ同じ精度のプランク定数を出すことができます。

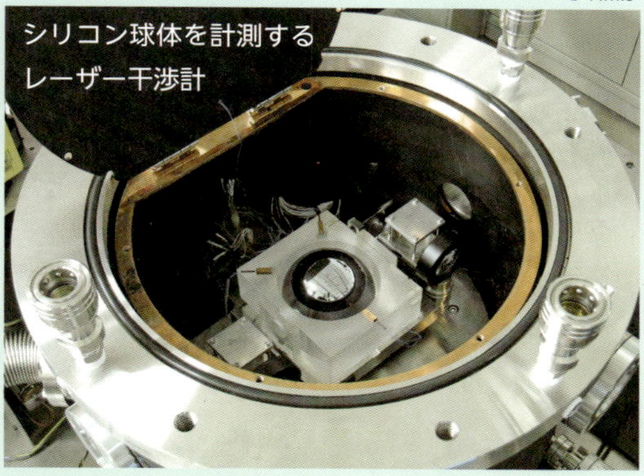

日本はアボガドロ国際プロジェクトに参加し自然界に最も多い^{28}Si単結晶からつくった球体を使い、それに含まれる原子を数えてアボガドロ定数を測定した。

おとなのおすの
モルモットの平均体重
約1kg
（質量と重量については
→54ページ）

トランペット
約1kg

27.5cm

小麦粉
約1kg

質量と重量は何がちがうの？

重量を質量で表す!?

わたしたちは、ふだん体重など重さ（重量）を示すときに、キログラム【kg】という単位をよく使います。しかし、kgは質量の単位で、重量の単位ではありません。重量（重さ）とは、ある物体にかかる重力のことで、ばねばかりではかることができます。一方、質量は、ある物体そのものの量で、天秤ばかりではかります。

重さ（重量）は質量に比例し、地球上では大きく重力が変わることがほぼないため、ふだんは質量と重さはあまり区別されません。よく重さがkgだけで書かれていますが、ときに正確を期すため、重量を表すのにキログラム重【kg重】や【kgf】（英語の"kilogram force"の略）と書かれることがあります。

月の重力は地球の６分の１しかないため、重量は６分の１になるが、質量は変わらない。

【N】ニュートン

物体の重さ（重量）は、重力によって生まれます。国際的に認められた単位としては、重力の大きさを表すのにニュートン【N】という単位を使います。

大まかな定義では、「１Nは、地球上で約100グラム【g】の物体がうける力の大きさ」と同じぐらいになります。ただし、重力の大きさは、地球や月など天体の大きさによって変わり、地球上では緯度や高度によっても変化します。

中学生が習う理科では上述のような定義となりますが、正確には１Nは質量1kgの物体に1m/s^{2}の加速度を生じさせる力と定義されています。これは、力（F）【N】＝質量（m）【kg】×加速度（a）【m/s^2】という式で表され、これをニュートンの運動方程式と言います。

© NASA

アポロ時代の宇宙服と生命維持装置は、質量82kgで、重さは803.6N。月面上では約133Nほどになる。

運動方程式は、物体に力を加えると速度が変わることを表し、質量が大きなものほど、動かすのに大きな力がいる（動かしにくい）ことを示している。

※ 加速度は、単位時間あたりに速度が変化する割合を表す。
2m/s^{2}で初速度０mであれば、速度は1秒後に2m/s、2秒後に4m/s、3秒後に6m/s…と増していく。

重さのもと、重力とは？

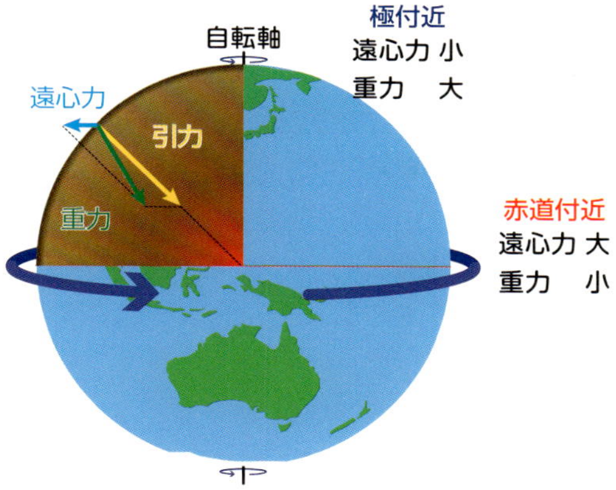

重力とよく混同されるのが引力です。引力は、質量をもった物体同士の引き合う力で質量が大きいほど大きく、距離がはなれるほど小さくなります。地球では地球の中心に向かって引力がはたらきますが、地球上のものには引力とともに、自転による遠心力もはたらきます。そのため、重力というときには、地球の引力と遠心力が合わさった力です。遠心力は、回転軸の中心からはなれるほど大きくなるため、赤道付近で重力は最小になり、極付近の重力より約0.3%小さくなります。

重力による加速度は、真空中を自由落下する物体の落下距離と落下にかかった時間を測ることで測定します。現在の重力加速度は、約9.8m/s^{2}で、質量1kgにかかる重力は9.8Nです。そのため、中学校の教科書などでは1Nはおよそ100gとされます。

また、重力加速度については、ガル【Gal】という単位を使って、980Gal（1Gal=1cm/s^2）と表すこともあります。このGalという単位は、落体の法則を発見したガリレオ・ガリレイにちなんでいます。

重力はリンゴで発見!?

物体を動かす力を表す単位のニュートン【N】は、約350年前に重力に関する理論をつくったイギリスの科学者アイザック・ニュートンの名前からつけられました。ニュートンは、庭のリンゴの木から実が落ちるのを見て、なぜ月は地球に落ちないのかと疑問に思ったことがその理論を考えるきっかけとなったといわれています。

© 杉山芬

（実物大）

ニュートンの家の庭に生えていたリンゴの木からふやされた「ケントの花（フラワーオブケント）」というリンゴの木（右上写真）と実（右下写真）。実が熟すと、自然に落ちる。重さは約200～250gで2～2.5Nの力がかかる。

© 杉山芬

キログラムをもとにした質量の単位

【g】グラム

グラム【g】は、もともと質量を表す単位ですが、地球上では重さ（重量）を表すときにも使います。ギリシア語で小さい重り石という意味のgramma（グラーンマ）という言葉から名づけられました。

国際的に定められた質量の基本の単位であるキログラム【kg】の1000分の1です。1gの水のかさ（体積）は、1ミリリットル【mL】（＝1立方センチメートル【cm^3】）になります。

gの世界

関係のある単位

かさ cm^3 →41ページ

かさ mL →47ページ

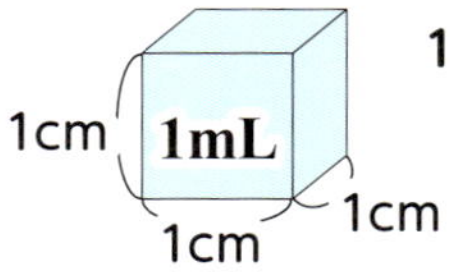

1ミリリットルの水の質量
約1g

1円玉	5円玉	10円玉	50円玉	100円玉	500円玉
1g	3.75g	4.5g	4g	4.8g	7g

ハチドリ
約2～6g

米1合
約150g
（→50ページ）

ジャンガリアンハムスター
約40g

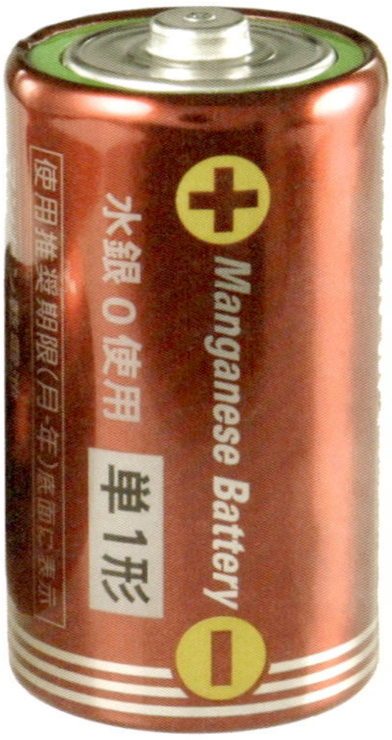

マンガン単一乾電池
約100g
（実物大）

硬式野球のボール
約145g

サッカーボール（5号）
約 410 ～ 450g
日本サッカー協会公式球

バスケットボール（7 号）
約 567 ～ 650g
バスケットボール一般公式球

【mg】ミリグラム

ミリグラム【mg】は、質量を表す単位で、地球上では重さ（重量）を表すときにも使います。グラム【g】の1000分の１です。とても小さい値のため、あまり使うことはありませんが、食品の栄養成分表示にはよく見られます。１gの水のかさは、１ミリリットル【mL】（＝１立方センチメートル【cm^3】）なので、１mgは0.001mL（cm^3）です。

mgの世界

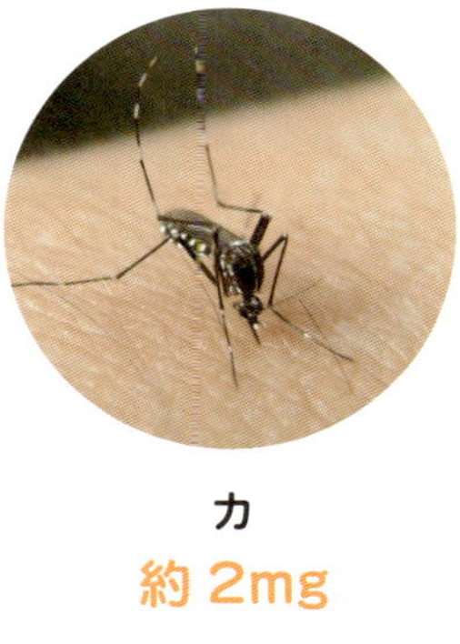

カ
約 2mg

米1粒
約 20mg

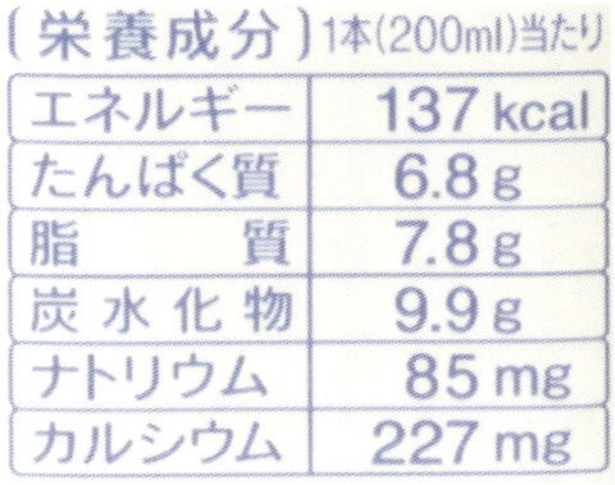
[栄養成分] 1本(200ml)当たり

エネルギー	137 kcal
たんぱく質	6.8 g
脂　　質	7.8 g
炭 水 化 物	9.9 g
ナトリウム	85 mg
カルシウム	227 mg

牛乳 200mL 中のカルシウム
約 227mg

セイヨウタンポポの種
約 0.4mg

© Potapov Alexander/ Shutterstock.com

大きな質量を表す単位

【t】トン

トン【t】は、もともと質量を表す単位ですが、地球上では重さ（重量）を表すときにも使います。大きな値を示すときに国際的に使うことが認められており、キログラム【kg】の1000倍、グラム【g】の100万倍です。クジラやゾウなどの大きな生き物のほか、橋や船などの巨大な建造物などに使われます。水のかさでいえば、1tは1000リットル【L】で、1立方メートル【m^3】（＝100万立方センチメートル【cm^3】）と同じです。

関係のある単位

かさ m^3 → 40ページ	かさ L → 44ページ
かさ kL → 46ページ	質量 kg → 52ページ

2L ペットボトルに入った水
500本分
約1t

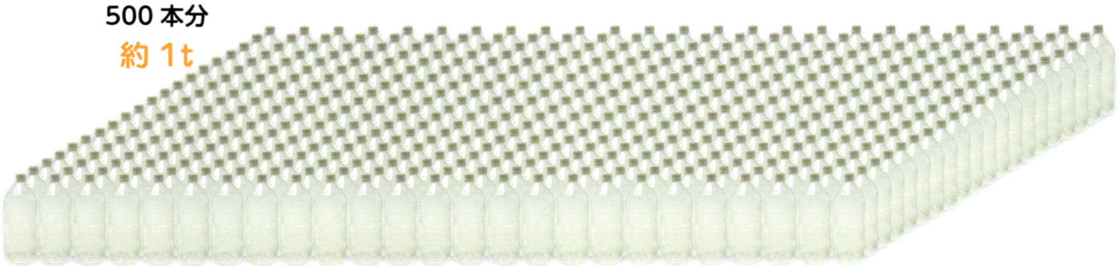

自動車
トヨタのアクア
約1t

© ILYA AKINSHIN/Shutterstock.com

ホッキョクグマ
約1t

石油/化学
タンカー
約1万6596t
（船自体の質量）

質量の単位同士を比べる

地球上で質量や重さを表すのに使われる単位がkgです。kgを基本として、その1000倍のトン【t】、kgの1000分の１のグラム【g】、gの1000分の１のミリグラム【mg】があります。

それぞれの単位が1000倍ずつちがうため、重さをはかる道具なども変わります。また、現在の自分の体重と生まれたときの体重など、単位のちがうものを比べるときに、大きさのちがいを覚えておくと役立ちます。

重さ ＼ 表す単位	t	kg	g	mg
1t	1	1,000	1,000,000（100万）	1,000,000,000（10億）
1kg	0.001	1	1,000	1,000,000（100万）
1g	0.000001（100万分の１）	0.001	1	1,000
1mg	0.000000001（10億分の１）	0.000001（100万分の１）	0.001	1

×1000　×1000　×1000　（下から上へ）
1/1000　1/1000　1/1000　（上から下へ）

単位をそろえるとき、「重さ」の数値に上の表の「重さ」と「表す単位」が交わるマスの数値をかけると、表す単位にそろえられる。それぞれの単位が、別の単位の何倍か、または何分の１かをおぼえると、計算しやすくなる。

船の大きさを表すトン

船にのせられる荷物の量（船の積載能力）や船自体の質量は、トン【t】という単位で示します。これは、たるを叩いたときの「トン」という音からきています。昔フランスからイギリスへ酒を運ぶときに、たるを叩いて個数を数え、運ぶ酒の量を調べました。そのトンが、酒だるを指すようになり、やがて船全体の積載量を表すようになりました。

1t＝1000kgになるトンは、フランスでつくられたメートル法をもとにした単位で、メトリックトン（メートル法のトン）とよばれます。そのほかにアメリカやイギリスで使われるトンもあります。これらのトンは、たる1つに入る水の量をもとにしたため、ガロン【gal】（→49ページ）と同じく国によってちがいます。

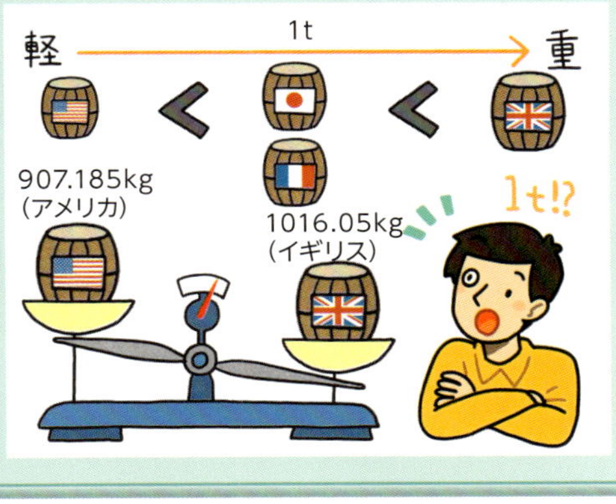

どれが重くてどれが軽いの？

かさで重さを比べよう

かつては縦・横・高さが10センチメートル【cm】のかさ（体積）、つまり1000立方センチメートル【cm^3】を１リットル【L】として、水１Lの重さ（正確には質量）が１キログラム【kg】と定められました（→45ページ）。そのため、水については、重さでおおよそのかさがわかり、反対にかさでおおよその重さがわかります。

また、ものの大きさと、ものをつくる素材が水よりも重いか軽いかで、おおよその重さを予想することができるでしょう。

水の重さ	10億t	1t	1kg	100g	1g	1mg
	$1km^3$					
		$1m^3$	$0.001m^3$	$0.0001m^3$		
		1kL	0.001kL	0.0001kL		
水のかさ		1,000L	**1L**	0.1L	0.001L	
		10,000dL	10dL	**1dL**	0.01dL	
			$1,000cm^3$	$100cm^3$	**$1cm^3$**	$0.001cm^3$
			1,000mL	100mL	**1mL**	0.001mL

表で縦に並ぶ「水の重さ」と「水のかさ」は、同じ水の量を表す。重さと対応させやすいかさのマスは色を濃くしている。

水のかさは温度によって変わる

1kgの水のかさ（体積）を、1Lとしていますが、じつは水のかさは温度によって変わります。ほとんどの物質は、温めると体積が大きくなり、冷やすと体積が小さくなります。これとは反対に、水は氷になると、体積が大きくなるという変わった性質があります。1気圧（→120ページ）下で、水の体積がもっとも小さくなるのは、温度が摂氏4度（セルシウス度）【℃】（→88ページ）のときです。現在、その水を基準にして、水の質量とかさの関係がつくられています。

透明なプラスチックコップに水を入れ、その量を記しておいて凍らせると、かさが増えたのがわかる。

※ ガラスの器だと、割れることがあるので使わない。

質量を比べる比重

温度が４度【℃】のときの水の体積と質量を基準として、ほかの物質が同じ体積のときの質量を比べたものが比重です。ある物質の質量が、水の質量の何倍であるかを示し、１より大きいものは水に沈み、１より小さいものは水に浮きます。

ドレッシングはおもに酢と油でできています。酢は、水とまざりやすく、比重はほぼ１です。一方で植物油は、水とまざりにくく（疎水性があり）、比重は約0.9です。地球上でドレッシングをふると、酢も油も細かい粒になって、一時的には混ざりますが、しばらくおいておくと、比重の小さな油は酢と分かれて浮いてきます。しかし、これが国際宇宙ステーション（ISS）などの重力がほぼないところ（微小重力空間）では、比重がちがっても分離せず、酢も油も細かい粒となって混ざり合ったままになります。

地球上では酢と油が混ざっても置いておくと分離する。

© JAXA/NASA

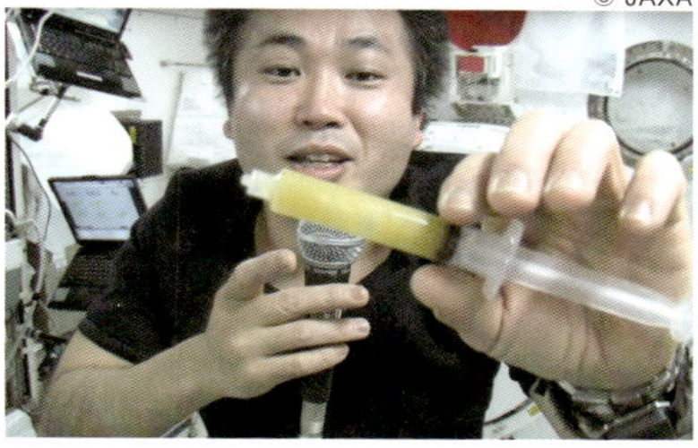

© JAXA

若田宇宙飛行士は、2009年のISS長期滞在中に、水と油をまぜる「おもしろ宇宙実験」を行った。

比重と密度

比重と混同されやすいものに密度があります。密度は、ある体積あたりの物質の質量をさし、物質の中にある原子や分子の疎密を表します。比重は比なので、単位はありませんが、密度は【kg/m^3】といった単位（基本単位を組み合わせて作る組立単位）で表せます。

物質は、温度により、固体・液体・気体と状態を変化させ、ふつう体積は、固体＜液体＜気体の順で大きくなります。そのため質量が同じ物質では、状態により密度が固体＞液体＞気体の順で小さくなります。

例外的に、液体の水（$1.00g/cm^3$）よりも、固体の氷（$0.92g/cm^3$）の方が密度が小さくなるため、氷は水に浮かびます。

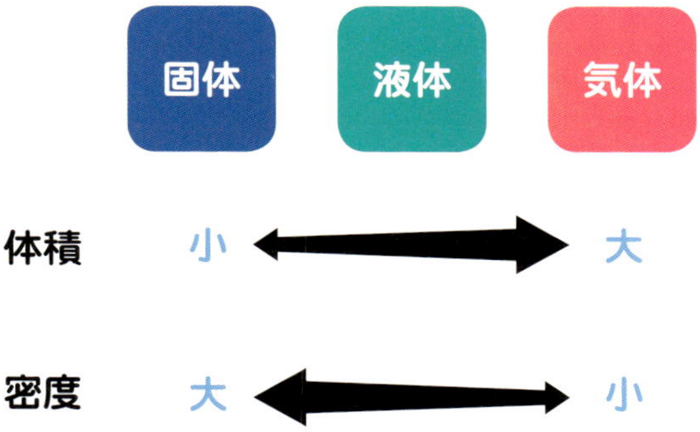

水の中で物体にかかる浮力は、水をおしのけた体積分の水の質量にかかる重力に等しい。そのため水より密度が小さい氷は水に浮く。

昔から使われている

日本の重さの単位

日本では、昔から今とはちがう貫や匁といった重さ（質量）の単位が使われてきました。今の単位で表すと、１匁は3.75グラム【g】です。１貫は、１匁の1000倍で、3750g＝3.75キログラム【kg】です。

5円玉
(約 3.75g)
１匁

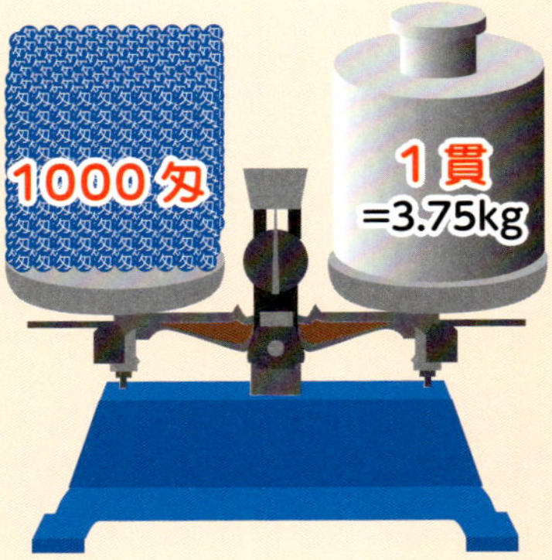

お金の重さからできた単位

貫や両、匁は、もともとお金の単位です。今から400年以上前に始まった江戸時代に、小判などの金貨や四角い銀貨のほかに、円く、真ん中に四角形の穴のあいた青銅製の一文銭が使われていました。単位の小さな一文銭が、一番よく使われたため、やがて重さの目安としても用いられるようになりました。一文銭１枚の重さを１匁（文目）といいます。

ふだん手持ちの一文銭の数が多いとき、持ち歩いたり数えたりしやすいように、ひもで穴を貫いて、100枚や1000枚のまとまりをつくりました。一文銭1000枚が一貫文で、単位も1000匁で１貫になります。

※

一文銭1枚
１匁

※

一文銭100枚（100文）を１本にまとめて、それが10本で1貫。

※写真提供：日本銀行金融研究所貨幣博物館

日本の重さの単位とキログラム

４貫	=25 斤	=400 両	=4000 匁	＝約 15kg
1貫	=6.25 斤	=100 両	=1000 匁	＝約 3.75kg
	1斤	=16 両	=160 匁	＝約 600g
		１両	=10 匁	＝約 37.5g
			１匁	＝約 3.75g

斤は、古代の中国から伝わり、現代まで残っている重さの単位で、つくられた歴史がちがうためきれいにわりきれない。

習慣の中に残る貫と匁

現在の日本では、匁や貫は使われなくなり、外国と共通の重さを表す単位として、グラム【g】やキログラム【kg】を使っています。それでも、まだ角氷の基準には貫、タオルの基準には匁を使う習慣があります。

また、匁は国際的にモミ【momme】という真珠の重さの単位として使われています。これは、明治時代に日本で真珠の養殖法が開発されて、日本の真珠が世界中に売られたころの習慣が残っているからです。

12枚の重さが何匁かで、タオルの厚さなどがわかる。

重さ36貫（約135kg）の角柱型の氷を、36個に切りわけて１貫ごとに売る。

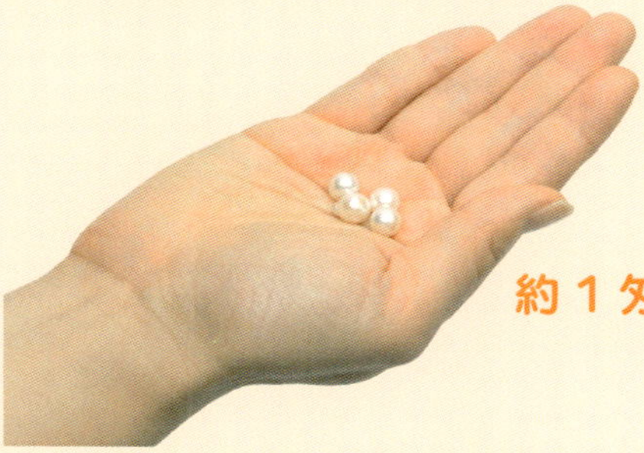

約１匁【momme】の真珠

パンの重さを表す単位

今でも、ひとかたまりのパンを、昔の重さの単位で「１斤（きん）、２斤」などとよぶことがあります。そもそも「斤」は、今から約1300年前に中国から日本へ伝えられた重さの単位で、約150年前までは１斤は160匁（600グラム【g】）でした。

そして、約150年前の明治時代に、イギリスとの貿易が始まると、１ポンド【lb】（453.6g →64ページ）とほぼ同じ重さの120匁（約450g）を１英斤（イギリス風の斤）というようになりました。その後イギリスのパンが伝わり、１lbの重さのパンを１斤と呼ぶようになったため、今でもひとかたまりのパンを１斤、２斤などと数えるようになったのです。

世界に広まった

イギリスやアメリカの重さの単位

世界中の多くの国では、重さ（質量）を表す単位としてメートル法のキログラム【kg】やグラム【g】が使われています。しかし、アメリカやイギリスではポンド【lb】やグレン【gr】という単位が使われてきました。1ポンドは約453.6g、1lbは7000grで、1grは約64.8ミリグラム【mg】にあたります。

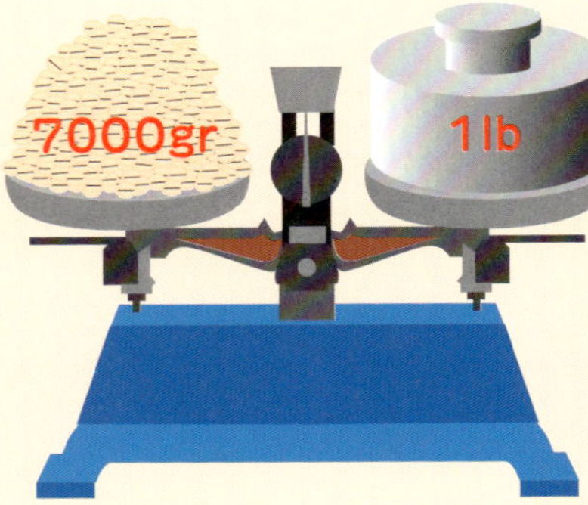

古代から続く重さの単位

ポンド【lb】は、大昔にメソポタミアでできた重さ（質量）の単位です。大麦1粒の重さを1グレン【gr】とし、1lbの重さの粉でつくったパンが、大人1人が1日に食べる量とされました。

この単位は、やがてローマ帝国へ、そしてイギリスへと伝わりました。またローマ帝国で、重さをはかる天びんばかりを"Libra（リブラ）"、それではかった重さのことを"Libra Pondus（リブラ ポンド）"と呼んだことから、ポンドの単位記号を【lb】と書くようになりました。

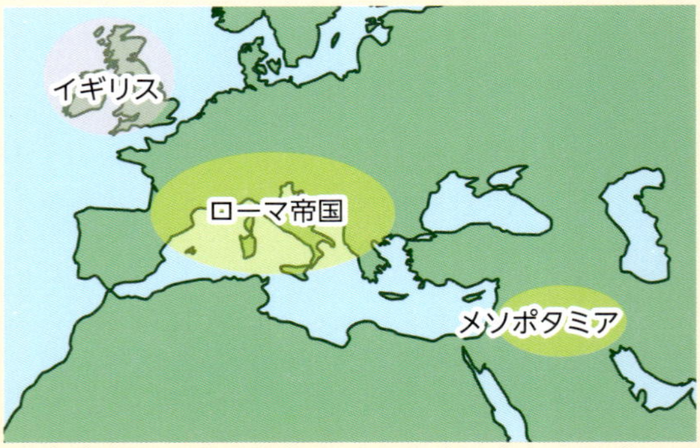

メソポタミアは、今のイラクを中心とした地域で、世界最古の文明が起こった場所として知られている。

大麦1粒が1grのもとになった。

© photocrew - Fotolia

メソポタミアでは、古くから大麦や小麦などが栽培され、パンやビールがつくられていた。

ちがうポンドとオンス

イギリスやアメリカでは、ポンド【lb】より軽く、グレン【gr】より重い重さの単位にオンス【oz】を使うことがあります。今から450年ほど前のエリザベス１世の時代には、法律で1 lb＝16oz＝7000grと定められました。

ただし、アメリカでは、この普通のポンドのほかに、薬をはかるときに使う薬用ポンドと、宝石や貴金属をはかるときに使うトロイポンド（ともに１lb＝約373.24グラム【g】）があり、それぞれ１lb＝12oz＝5760grと決められています。

昔イギリスでは、重さ１トロイポンドの銀貨を使っていたため、お金の単位もポンドという。現在のイギリスの１ポンド硬貨（右下）は直径22.5mm、重さ9.5g。日本の100円玉ぐらいの大きさで、500円玉より重く、１トロイポンドよりも軽い。

日本にも伝わるポンド

重さをポンド【lb】やオンス【oz】で表す方法は、英語とともにアメリカやカナダ、オーストラリアなどへ広まりました。それらの国々では、今でもよくポンドを使って重さを表します。

日本では、くらしの中でポンドを使って重さを表す習慣がありませんでしたが、イギリスやアメリカから伝わったスポーツや料理などには、今でもポンドやオンスを使うことがあります。

現在の形に近いボクシングはイギリスで発展したため、今でも選手の体重はポンドで表し、手につけるグローブの重さはオンスで表す。

パウンドケーキ（pound cake）という名前は、小麦粉、バター、砂糖、卵をそれぞれ１ポンド（pound）使うことからつけられた。

ボウリングは、ピンの重さが１本３lb ６oz～３lb10oz、10本で約16キログラム【kg】。ボールは、重さの上限が16lb（＝約7.2kg）と決められている。

コラム　国語の記号

数字だけでなく、古代エジプトの象形文字や漢字などの表意文字、平仮名や片仮名、ローマ字といった表音文字なども記号にあたります。さらに、文章の中には、文字のほかにさまざまな記号が用いられます。代表的な記号を挙げましょう。

文章の記号

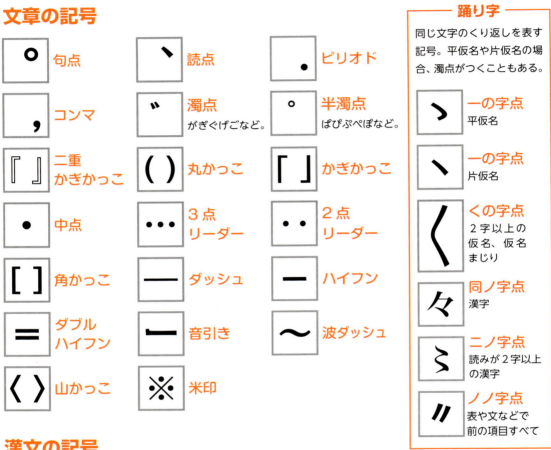

記号	名称	記号	名称	記号	名称
。	句点	、	読点	.	ピリオド
,	コンマ	゛	濁点 がぎぐげごなど。	゜	半濁点 ぱぴぷぺぽなど。
『 』	二重かぎかっこ	（ ）	丸かっこ	「 」	かぎかっこ
・	中点	…	3点リーダー	‥	2点リーダー
[ ]	角かっこ	—	ダッシュ	-	ハイフン
＝	ダブルハイフン	ー	音引き	〜	波ダッシュ
〈 〉	山かっこ	※	米印		

踊り字

同じ文字のくり返しを表す記号。平仮名や片仮名の場合、濁点がつくこともある。

ゝ	一の字点 平仮名
ヽ	一の字点 片仮名
〳〵	くの字点 2字以上の仮名、仮名まじり
々	同ノ字点 漢字
〻	二ノ字点 読みが2字以上の漢字
〃	ノノ字点 表や文などで前の項目すべて

漢文の記号

春眠不(ず)レ覚(エ)レ暁(ヲ)
処処聞(ク)二啼鳥(ヲ)一

春眠暁を覚えず　処処啼鳥を聞く

（「春暁」（孟浩然）より）

記号	名称	説明
レ	レ点	すぐ下の一字から上に返って読む。
一	一点	一字以上はなれた字の一の字を読んだ後に
二	二点	二の字を読む

レ点、一・二点でも足りない場合、上・中・下点や甲・乙・丙点などを使う。

本の分類（日本十進分類法）

図書館は、内容ごとに3ケタの分類記号で本を分類します。1ケタ目の数字が1番大きな分類で、おもに右の表のように分かれています。

分類記号	0	1	2	3	4
主な内容	総記 百科事典、調べる本など	哲学	歴史	社会科学	自然科学
分類記号	5	6	7	8	9
主な内容	技術	産業	芸術	言語	文学

第3章
時間と速さにかかわる記号と単位

min 秒 km/h 𝄞 m/s 分 ♪

目に見えず、ふだんはあまり意識されない「時」は、過去から現在、そして未来へという方向へ続く流れです。時の流れの中で、ある一点から一点までの長さを時間といいます。この章では、客観的な時間を表わすための単位や記号を紹介します。

時間を表す基本の単位

【s】秒

秒【s】は、国際単位系（SI）で定められた、時間の基本の単位です。単位記号のsは、英語の"second"（秒）の頭文字からです。かつては、地球の自転で一回転する時間や、地球が太陽の周りを回る公転周期をもとに、1秒を決めていました。しかし、どちらの基準も、長さが変化することがわかり、現在は、「秒はセシウム133の原子の基底状態の二つの超微細準位の間の遷移に対応する放射の周期の91億9263万1770倍の継続時間である。」とされています。

写真提供：国立研究開発法人情報通信研究機構

現在の国際的な時間の基準となるセシウム原子時計。セシウム原子は自然界に質量数の異なる同位体がなく、計測にちょうどよい周波数をもつため選ばれたとされる。

関係のある単位
時間 min → 70ページ
速さ m/s → 76ページ

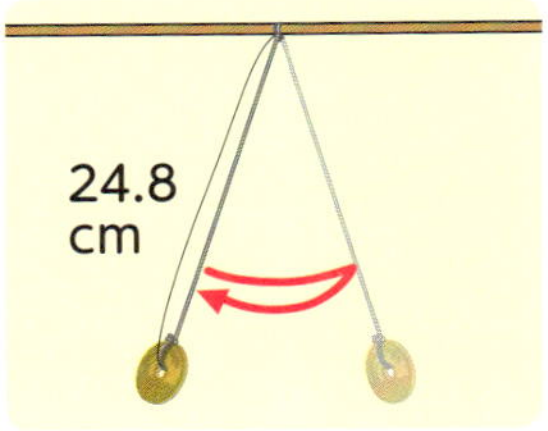

ひもの長さが24.8センチメートル【cm】の振り子が往復する時間が約1秒。振り子をもとにつくられた時計は、ゆれの大きな船の上などでは正確な時間を示せなくなる。

これは、原子番号55番のアルカリ金属で質量数133のセシウムの原子が、エネルギーが最も低く安定した基底状態のとき、ある状態から別の状態に変化する場合に、決まった電磁波を出します（→129ページ）。その電磁波の周期（波形の山と谷）を91億9263万1770回数えると1秒になるということです。現在の秒の定義は、セシウムという特定の物質に依存しているという点で、水の状態をもとにしたケルビン【K】の定義（→90ページ）に似ています。現在、このセシウム原子時計による不確かさは10^{-16}のレベルにまで達していますが、さらに精度の高い光格子時計という技術の研究が進んでいます。光格子時計では不確かさのレベルが10^{-18}レベルにまで達していて、地球上で33cmの高さの違いによる時間のずれも確認できるほどです。2025年ごろには、国際度量衡総会でこの光格子時計の技術を利用した定義が検討されるかもしれません。

秒の世界

水を流し続けている場合

注：水道の水圧によって差があります。

約 5m の高さから
落としたボールが
地面に着くまでの時間
約 １ 秒

© Valery Bareta/Shutterstock.com

人がまばたきを
する間かく
約3秒

注：個人差があります。

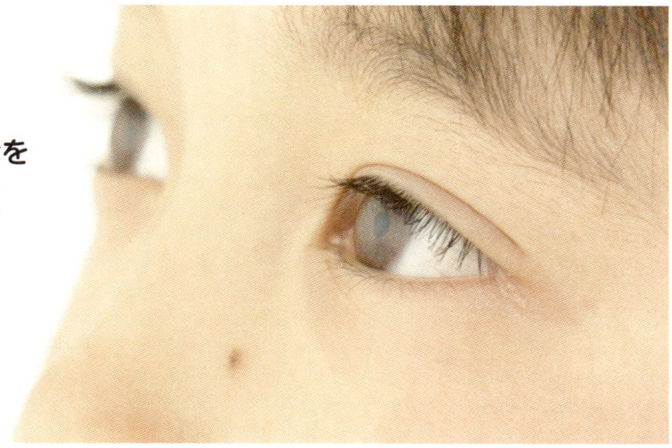

秒より長い時間の単位

【min】分

分【min】は、時間の単位で、秒【s】の60倍です。単位記号のminは、英語の"minute"（分）からきています。国際的な時間の単位としては秒が基本の単位となりますが、秒だと数が大きくなりすぎる場合に、時間の長さを分で表します。

関係のある単位
時間 s → 68 ページ
速さ m/min → 76 ページ

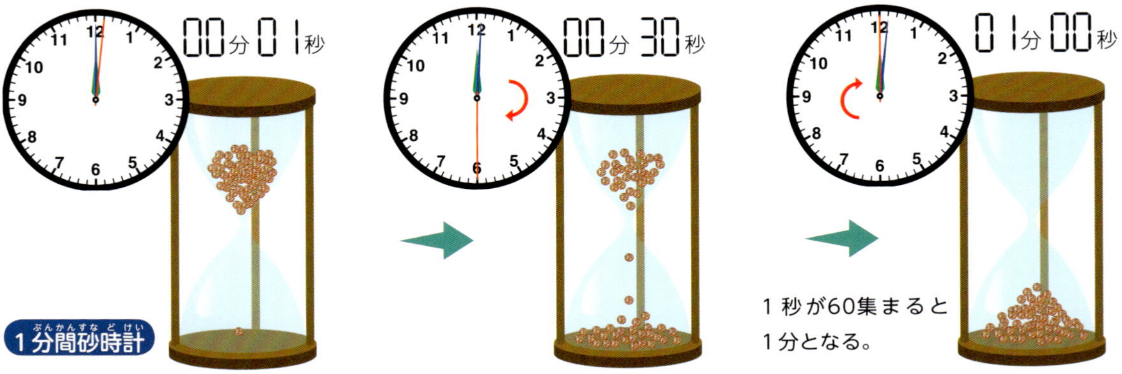

【h】時

時【h】は、時間の単位で分の60倍です。単位記号のhは、英語の"hour"（時）の頭文字からです。分よりも長い時間を時で表します。1時間は60分、秒で表すと3600秒となります。

関係のある単位
時間 s → 68 ページ
速さ km/h → 77 ページ

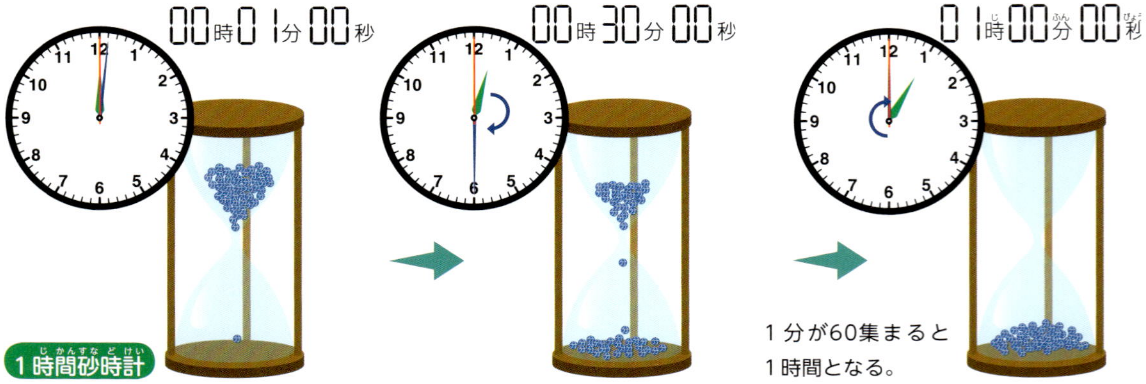

【d】日

日【d】は、時間の単位で時【h】の24倍、つまり24時間が１日です。単位記号のｄは、英語の"day"（日）の頭文字からです。もともとは、太陽が空の一番高いところにのぼりきってから、また空の一番高いところにのぼるまで、一昼夜の時間を１日としていました。これは、地球が北極と南極を軸に回転する自転を基準とした長さです。つまり、この地球の自転の１回転が１日とされてきました。しかし、地球の自転の時間は毎日同じとは限らないことがわかり、現在は、8万6400秒を１日としています。

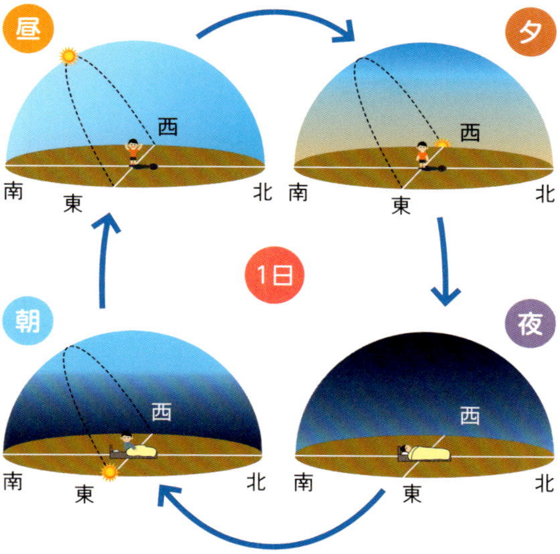

朝、東から太陽がのぼり、北半球では、昼ごろに太陽が真南にきて、夕方に太陽が西の地平線へと沈んで、夜には太陽が見えなくなる。昼に、太陽が真南にきてから、つぎに真南にくるまでを１日としていた。

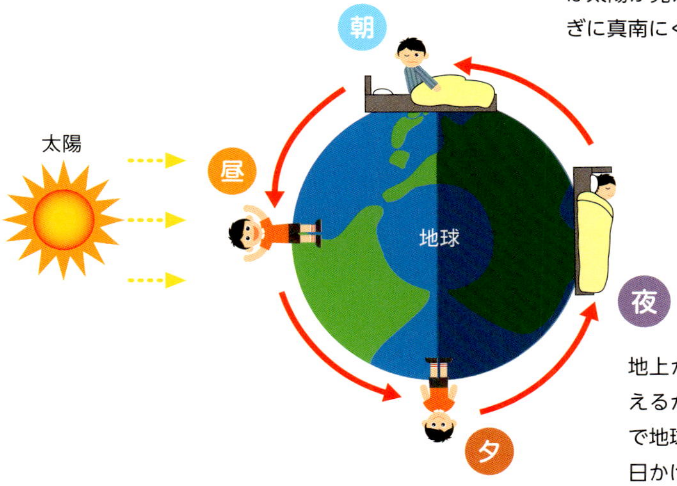

地上からは、太陽の位置が移動するように見えるが、宇宙から地球を見ると、地球の自転で地球に日なたと日かげができ、日なたが昼、日かげが夜となる。

時間と時刻のちがい

時間とまちがえやすいのが時刻です。例えば、ある人が7時におきて、8時30分に家を出たとしましょう。ここに出てきた「7時」や「8時30分」が、「時刻」です。さらに、この人物が目覚めてから家を出るまでの「1時間30分」が「時間」です。「時刻」はある一瞬の時点をさし、「時間」は時刻と時刻の間の長さを表します。

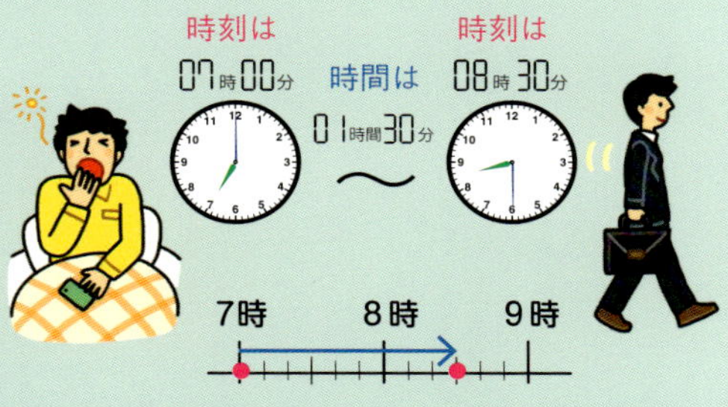

「時刻」は点、「時間」は点と点をつなぐ線のイメージだと考えるとわかりやすい。

日より長い時間を表す単位

【mon】月

月【mon】は、時間の単位で、単位記号のmonは、英語の"month"（月）からきています。現在は年【y】を12に分けた日数で、１か月は基本的に30日または31日、２月だけが28日で、４年に一度29日となります。日本には、１か月が31日にならない月（小の月）を表すのに「西向く士（さむらい）、小の月」（二、四、六、九、十一）という言葉もあります。

この月という時間の単位は、もともと月の満ち欠けにおいて、新月から新月（または満月から満月）までの約29.5日をもとにできました。現在の太陽をもとにした暦（太陽暦）とは別に、こうした月の動きをもとにした暦を太陰暦（→75ページ）といいます。

月は、太陽光を反射して光って見えるため、見る方向や、地球と太陽と月の位置関係の変化で、見かけの形が変わる。月は公転周期約27.3日とほぼ同じ周期で自転しているため、地球からはつねにほぼ同じ面が見える。公転周期にたいし、朔望（さくぼう）（新月と満月）の周期が約29.5日なのは、地球も公転で移動しており、月がその分移動するのに2日ほどかかるため。

関係のある単位

時間　d → 71 ページ

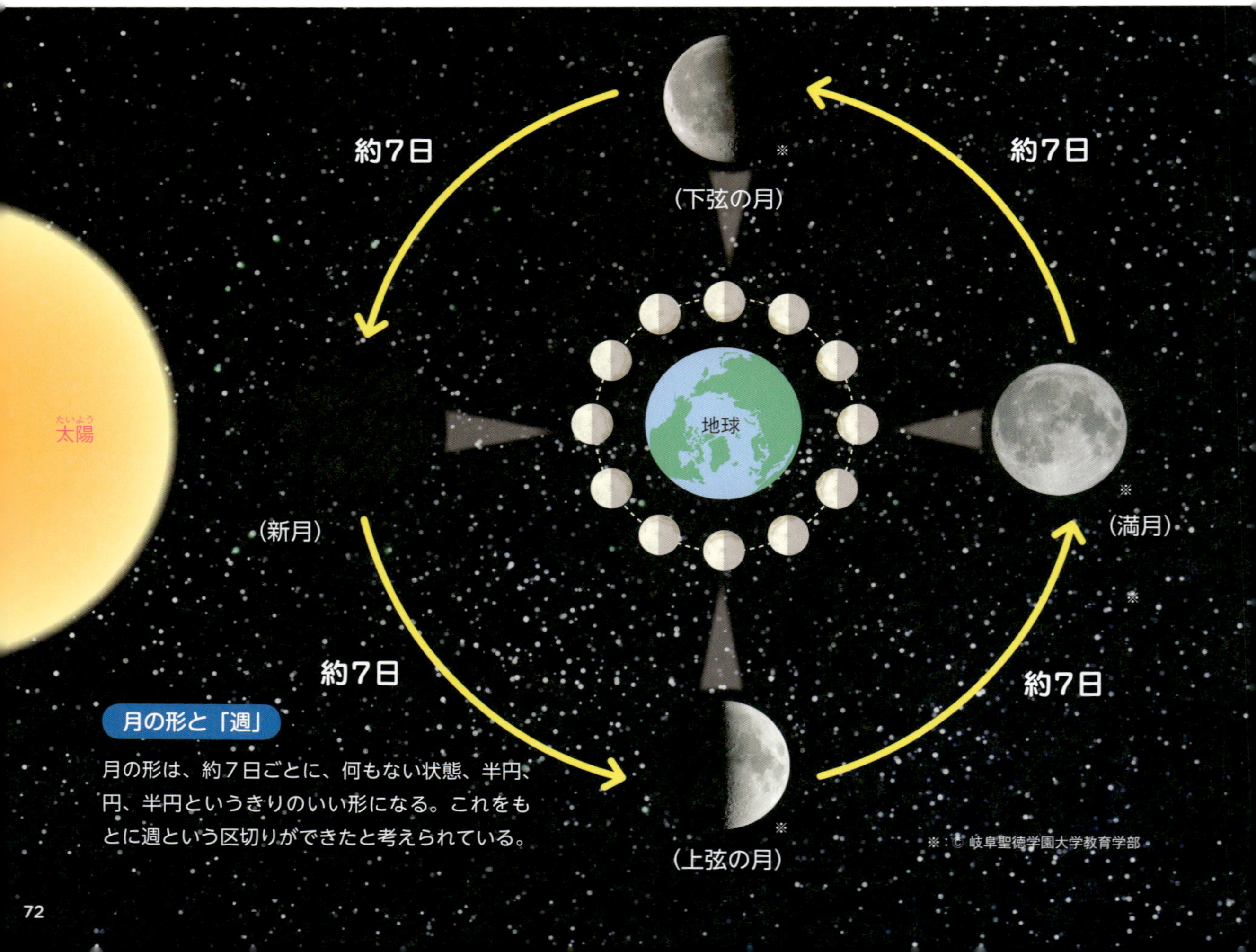

月の形と「週」

月の形は、約７日ごとに、何もない状態、半円、円、半円というきりのいい形になる。これをもとに週という区切りができたと考えられている。

【y】年

年【y】は時間の単位で、単位記号のyは、英語の"year"（年）からきています。１年は12か月、約365日で、時間の基本単位である秒では、１年は3155万6952秒です。

もともと、春・夏・秋・冬や、乾季と雨季といった季節のめぐりが１年です。地球上からは太陽ののぼる位置や夜の星の見え方を観測して、１年がおよそ365日だとしていました。季節の変化は、地球が太陽の周りを１周する「公転」と、地球の自転軸のかたむきで生まれます。

関係のある単位

時間 s → 68 ページ　時間 d → 71 ページ

日本では、季節によって太陽が真南にきて一番高くなる位置（南中高度）が変わる。夏が一番高く、冬が一番低い。太陽の高さが高いほど、ある面積にあたる光の量が多くなる。ほぼ真上から太陽の光が射す夏には気温が上がり、低いところから光が射す冬には気温が上がりにくい。

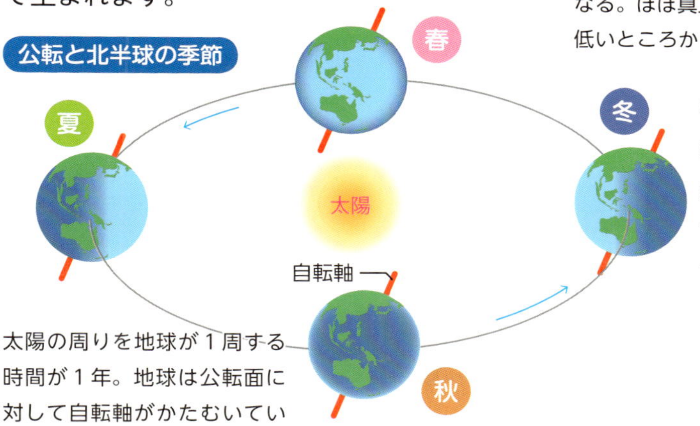

太陽の周りを地球が１周する時間が１年。地球は公転面に対して自転軸がかたむいているため、太陽の光の当たり方は少しずつ変化し、場所により昼夜の長さや気温が変わる。

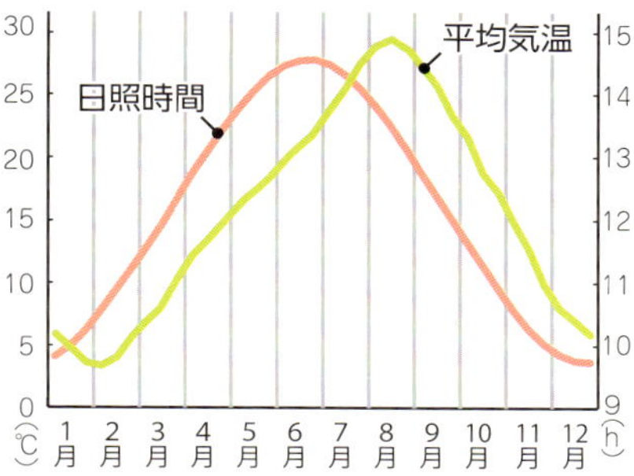

太陽の光が地面をあたため、その熱が空気に伝わり、気温が上がる。そのため、１年のうちで日照時間が長くなる時期と平均気温が高くなる時期は２か月ほどずれる。

世紀と西暦ってなに？

世紀【C】は、英語の"century"の頭文字が記号となります。「西暦」を100年で区切った時間の表し方で、キリスト教のイエス・キリストが生まれたとされる年を西暦元年（1年目）として、西暦1～100年を1世紀、西暦101～200年を2世紀…、2001年～2100年を21世紀と数えます。歴史学では、4～5世紀と大まかな時代を表したり、一般には100年を世紀、50年を半世紀、25年を四半世紀などと表したりもします。

キリスト誕生を節目とし、その前を紀元前（B.C. 英語 "before Christ" の略）、後を紀元後（A.D. ラテン語"Anno Domini"〈神の年の意〉の略）と表す。

「草木も眠る丑三つ時」とは？

現在、わたしたちが使う時間の単位は、国際的に定められた秒【s】(→68ページ)を基準につくられています。そして、1日は24時間で1時間は60分と決められています。

しかし、約400年ほど前の江戸時代の日本では、時間のことを「刻」といい、季節によって1刻の長さが変わりました。これは「不定時法」という決まりで、日の出と日の入りの時刻を基準にして、日の出から日の入りまで、日の入りから日の出までをそれぞれ6つに等分していたためです。夜明けや日没の時刻は季節によって差があるため、1刻あたりの長さは、夏と冬、昼と夜で大きく変わりました。

「草木も眠る丑三つ時」とは、丑の刻を4つに分けたときの3番目の時刻のことで、およそ午前2時〜2時30分ごろにあたる。昔は、この時間におばけや幽霊が一番活発に活動すると考えられていた。

「おやつ」は何時？ 不定時法の時刻

不定時法は中国から伝わったもので、12に分けられた時間には、数字と、十二支の名前がつけられている。数字の時間は、午前0時と正午を、中国で縁起の良い9からはじめて小さくなっていく。

江戸時代の人は、日の出の30分前を明け六つ、日の入りの30分後を暮れ六つといい、それぞれの時刻に鳴る鐘の音に合わせて生活した。

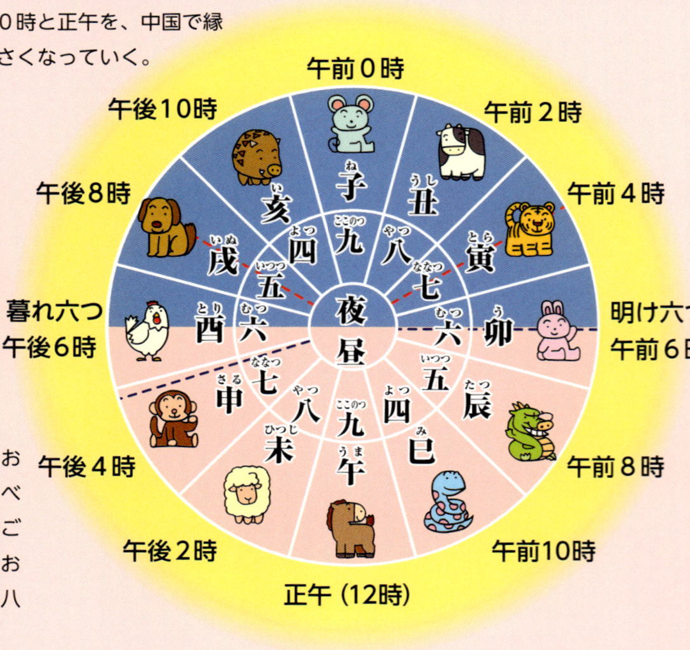

夏至のころの日の出と日の入り。昼の1刻は約2時間40分になる。

冬至のころの日の出と日の入り。昼の1刻は約1時間50分になる。

江戸時代のはじめごろは、お米のご飯を1日2食しか食べず、八つ時(今の午後2時ごろ)に間食をしたという。「おやつ」という言葉は、この八つ時からきている。

１年が13か月に!?

地球が太陽の周りを１周する「公転」によって決められた１年365日という時間は、「太陽暦」といい、季節のめぐりともほとんど一致します。しかし、江戸時代の日本では、月の満ち欠けの周期で１か月の長さ（29.5日）が決められ、１か月が30日の「大の月」と29日の「小の月」を作って調節していました。これを「太陰暦」といいます。太陰暦の場合、１年の長さは29.5日×12か月で、約354日となり、１年間で約11日ほど、太陽暦とのずれ（暦と季節のずれ）が生まれます。そこで、３年に一度「閏月」をつくり、１年を13か月にして、そのずれを修正していました（11日×３年＝33日＝約１か月分）。このように、季節とのずれを修正する太陰暦を「太陰太陽暦」といいます。

閏月は、同じ月を二度くり返し13か月とする。季節との差が開いてきたら追加されるため、いつも決まった月のあとに追加されるわけではなかった。また、毎年計算して翌年の暦を決定するので大小の月の並び方も年ごとにちがった。

場所によって名前が変わる10月

日本で昔使われていた暦では、それぞれの月に、季節や行事に合った和風の名前がつけられていました。その中でも、10月は変わっていて、日本中のほとんどの神様が島根県の出雲大社に集まって会議を行うと考えられたため、出雲以外の地域では神様がいなくなる月という意味で、「神無月」とよばれました。しかし、出雲では、10月には日本中から神様が集まる月のため、「神在月」とよばれます。

また、三重県の伊勢神宮や長野県の諏訪大社の神様は出雲に行かないと考えられているため、その神社の周りの人々も10月を「神在月」とよぶそうです。

出雲では全国から神様が集まって宴をし、そこで人と人との縁を結ぶといわれている。そこから、出雲大社は縁結びの神社とされてきた。

春			夏			秋			冬		
1月	2月	3月	4月	5月	6月	7月	8月	9月	10月	11月	12月
睦月	如月	弥生	卯月	皐月	水無月	文月	葉月	長月	神無月 神在月	霜月	師走

昔の暦は現在の暦の季節と１～２か月のずれがあるため、各月の名前が現在の季節感と合わないこともある。

長さと時間を組み合わせた速さの単位

【m/s】メートル毎秒

速さは、秒【s】や分【min】、時【h】といった時間中に、どれぐらいの長さ（距離）を移動するかを表します。

国際的に使われる基本の単位は、メートル毎秒【m/s】で、これは1秒毎に移動した長さ（距離）を表します。この速さを秒速○メートル【m】と表すこともあります。

移動する距離が短ければ、長さの単位にミリメートル【mm】やセンチメートル【cm】をつかって、ミリメートル毎秒【mm/s】やセンチメートル毎秒【cm/s】と表します。また、移動にかかる時間が長いときには、秒の代わりに分【min】を使って、メートル毎分【m/min】と表します。これを、分速○メートルと表すこともあります。

関係のある単位
長さ m → 16ページ
長さ cm → 18ページ
長さ mm → 19ページ
時間 s → 68ページ
時間 min → 70ページ

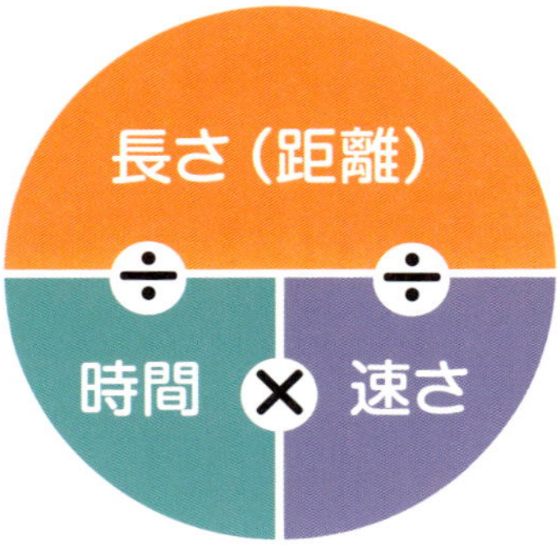

長さと時間と速さの関係は、長さ（距離）を時間で割ると速さがわかり、長さを速さで割ると時間がわかる。また、時間と速さをかけると、移動する長さがわかる。上の図で求めるものを隠すと計算式が残って見える。

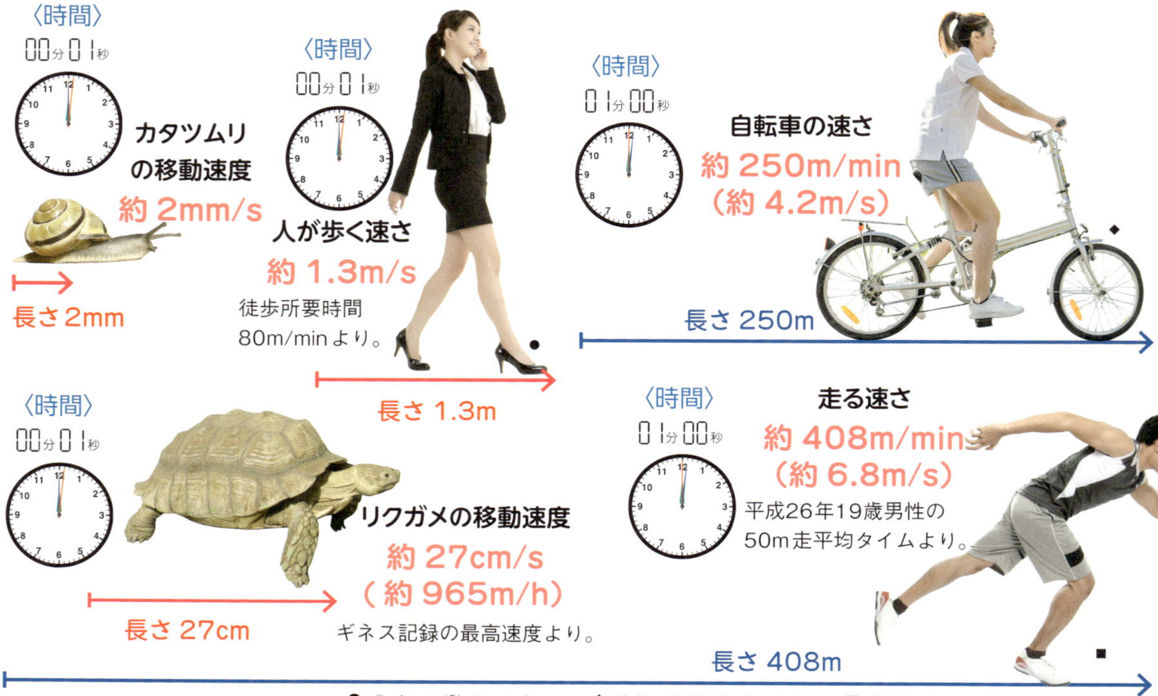

【km/h】キロメートル毎時

速さを表すときに、メートル【m】よりも移動する距離が長く、移動にかかる時間が長いものは、メートルの代わりにキロメートル【km】、秒【s】や分【min】の代わりに、時【h】を使って、キロメートル毎時【km/h】と表します。これを、時速○キロメートルと表すこともあります。

関係のある単位
長さ km → 18 ページ
時間　h　→ 70 ページ

〈時間〉

巡航速度
ジェット旅客機
約 900km/h

長さ 900km

長さ 285km

〈時間〉

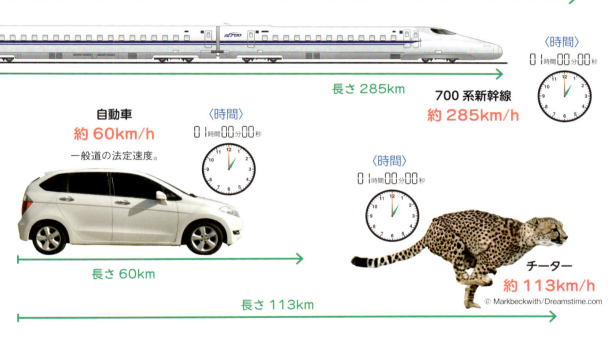

700 系新幹線
約 285km/h

自動車
約 60km/h
一般道の法定速度。

〈時間〉

長さ 60km

〈時間〉

チーター
約 113km/h
© Markbeckwith/Dreamstime.com

長さ 113km

競走馬
約 68km/h

〈時間〉

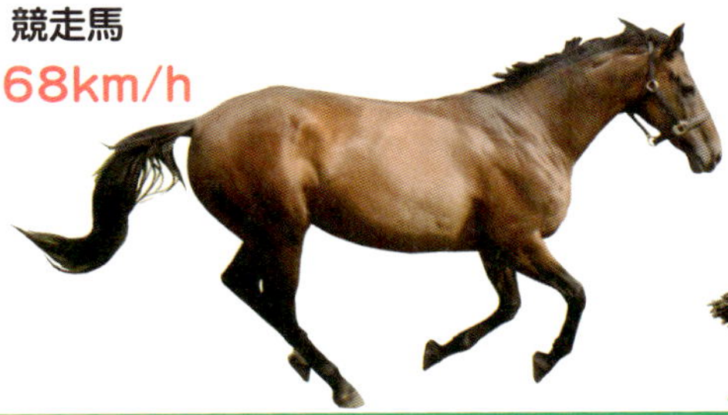

長さ 68km

ダチョウ
約 80km/h

〈時間〉

長さ 80km

©John Carnemolla/Shutterstock.com

速さを比べてみよう

どれくらい移動できるの？

15メートル毎秒【m/s】で進む電車と、40キロメートル毎時【km/h】で進むバスなど、速さの単位はちがった単位で表されることがあります。一見、ちがった単位に見えますが、速さの単位の成り立ちを知っていれば、長さと時間の単位をそろえて、速さを比べられるようになります。

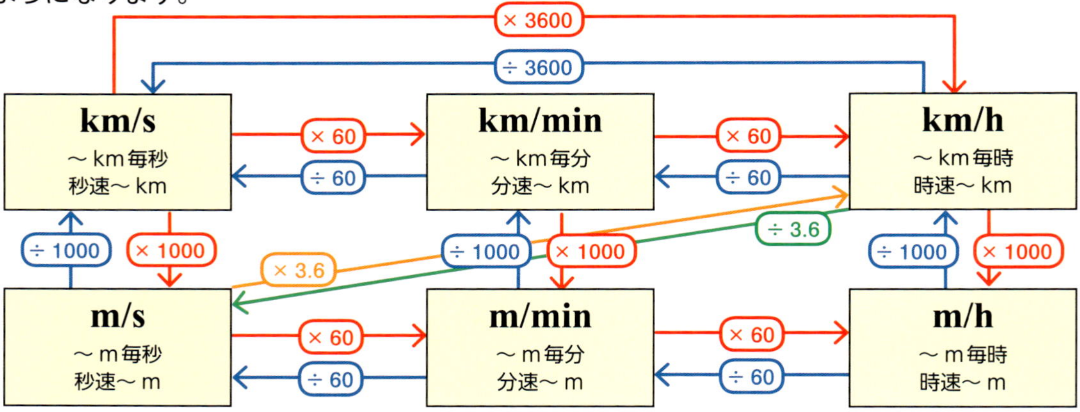

ある単位から、そろえたい単位まで、計算をしながら矢印をたどると、単位がそろう。長さの単位が同じとき、時速は分速の60倍、分速は秒速の60倍、時速は秒速の3600倍となる。

船の速さを表す単位

船や飛行機などの速さは、メートル毎秒【m/s】やキロメートル毎時【km/h】のほかに、ノット【kt】という単位を使うことが国際的に認められています。ktは1海里（=1.852キロメートル【km】、→22ページ）を1時間で進む速さです。目印の少ない海の上では、緯度と経度が書かれた海図をもとに進むため、緯度を基準にした海里やノットを使うと、移動した長さや速さが直感的にわかりやすくなります。ノットという名は、昔船の速度を船尾からくり出す浮きの綱につけた結び目"knot（ノット）"の数で測定したことからきました。

1ktは1時間に1海里（緯度1分の距離を進む速さなので、1時間で地図の緯度や経度1度の長さを進むと、速さ60kt（約111km/h）になる。

光や音や風

形がないものの速さ

宇宙一速い光の速さ（光速）

身のまわりでもっとも速いもの、それが光です。光の速さは光速といって、約29万9792.458キロメートル毎秒【km/s】で、１秒間に地球を約23個半ならべた長さを進みます。地球から約38万kmはなれた月の光は約１秒強で、約1億4960万kmはなれた太陽の光は約8分19秒で地球にとどきます。

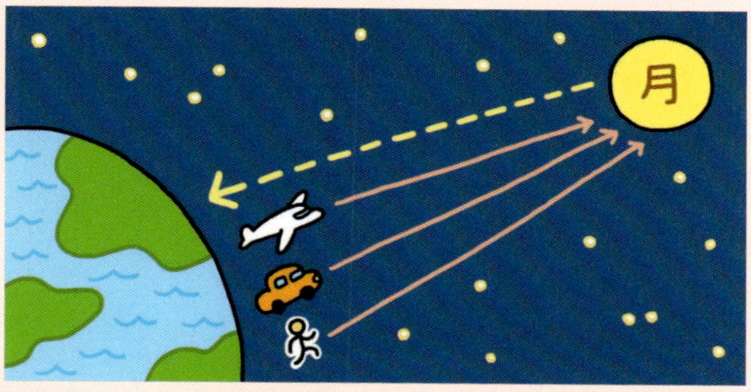

地球から月までの距離は、光だと１秒強、飛行機（900km/h）だと約18日、自動車（60km/h）だと約9か月、徒歩（１m/s）だと約12年かかる。

光は１秒で地球23個半の長さを進む。

音が伝わる速さ（音速）

音は、空気や水、物体が振動して伝わり、この伝わる速さを音速といいます。空気中の音速は、１気圧（→120ページ）15℃のもとで約340m/s、同じ温度の水中では約1500m/sで、温度が高いほど速くなります。また、飛行機やミサイルなどの速度を、音速を１としてマッハ【M】数で表すことがあります。

音と光の速さのちがいから、かみなりの光を見たとき、遠くにあるかみなりほど、音がおくれて聞こえる。

空気が動く速さ（風速）

空気が移動する速さを風速といい、ふく風の強さを表します。アメリカではノット【kt】、日本ではメートル毎秒【m/s】を使います（1kt=0.51m/s）。風速10～15m未満の風は、気象庁で、やや強い風とする風で、風に向かって歩きにくく、傘がさせないくらいです。ktで表すと、約19～29ktの風ということになります。

風速10～15mの風は、時速36～54kmで走る車から手を出したときに感じる風と同じぐらいの強さだ。

コラム 音楽の記号

音楽で使う楽譜は、まさに記号の塊です。楽譜が読めるようになると、楽器を弾いたり、作曲家が意図した通りに歌を歌ったりすることができます。

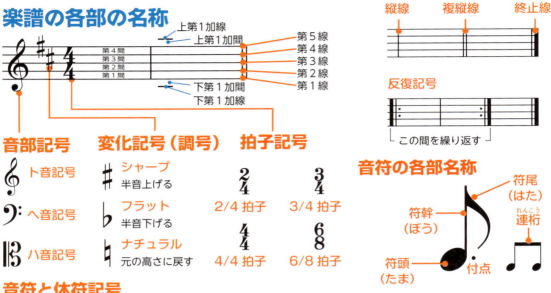

楽譜の各部の名称

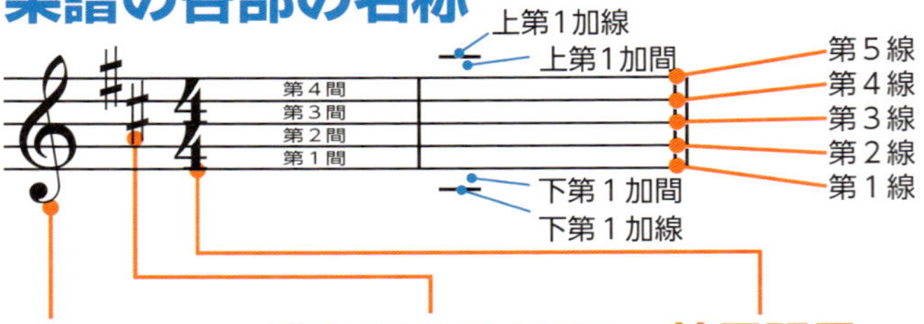

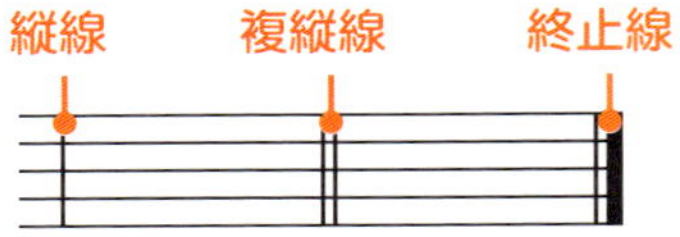

反復記号

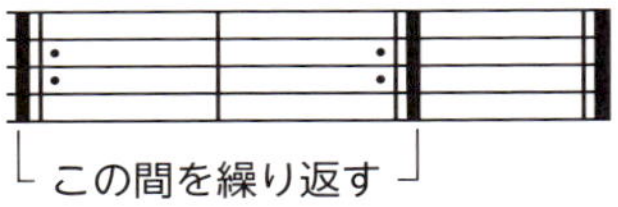

音部記号

- 𝄞 ト音記号
- 𝄢 ヘ音記号
- 𝄡 ハ音記号

変化記号（調号）

- ♯ シャープ　半音上げる
- ♭ フラット　半音下げる
- ♮ ナチュラル　元の高さに戻す

拍子記号

- 2/4 拍子
- 3/4 拍子
- 4/4 拍子
- 6/8 拍子

音符の各部名称

音符と休符記号

音符は、音の高低と長短を示す記号。基準となる音の長さを全音符で、全音符の2分の1の長さが2分音符、4分の1の長さが4分音符、と順番に短くなる。音符の右横につく小さな黒点が「付点」で、元の音符の2分の1の長さを伸ばす。

- 全休符
- 全音符
- 付点2分音符
- 2分音符
- 2分休符
- 付点4分音符
- 4分音符
- 付点8分音符
- 16分休符
- 8分音符
- 付点16分音符
- 16分音符

強弱の記号

ppp	ピアニッシシモ	できるだけ弱く
pp	ピアニッシモ	ごく弱く
p	ピアノ	弱く
mp	メゾピアノ	やや弱く
mf	メゾフォルテ	やや強く
f	フォルテ	強く
ff	フォルティッシモ	できるだけ強く
fp	フォルテピアノ	強く弱く
＜	クレッシェンド	次第に強く
＞	デクレッシェンド	次第に弱く

奏法記号

	タイ	同じ高さの音をつなげてひとつの音のように演奏する
	スラー	違う高さの音をつなげてひとつの音のように演奏する
	三連符	ある音符を３等分して演奏する
	アクセント	強く演奏する
	スタッカート	音と音を続けないで短く切って演奏する
	フェルマータ	約２倍に伸ばして演奏する
	テヌート	長さを十分保って演奏する
Andante	アンダンテ	歩く速さで演奏する
moderato	モデラート	普通の速さで演奏する
Allegro	アレグロ	速く演奏する
rit.	リタルダント	だんだん遅く
a tempo	アテンポ	もとの速さで
accel.	アッチェレランド	だんだん速く
	レガート	音と音の間を切れ目なく演奏する
D.C.	ダ・カーポ	曲のはじめに戻って演奏する
D.S.	ダル・セーニョ	セーニョ記号（𝄋）に戻って演奏する

第4章

割合を表す記号

全体に対する部分や、２つのものの数量を比べるものが割合です。比率には単位がなく、よく見る%という記号は数学的な記述において国際的に使うことが認められたものです。この章では、比を表すときに使う記号などを紹介します。

全体に対してある部分の割合を表す記号

【%】パーセント

パーセント【%】は、ある量（比べる量）と、もとにする量の2つの数量を比べるとき、もとにする量を100として考え、その中の比べる量がどのぐらいあるかを示します。そこで、%の値を求めるには、「比べる量」を「もとにする量」で割って、出た値に100をかけます。

また、パーセントという言葉は、「パー」が「毎」、「セント」が「100」を意味しています。100分のいくつかという割合（率）を表すので、パーセントを百分率ともいいます。

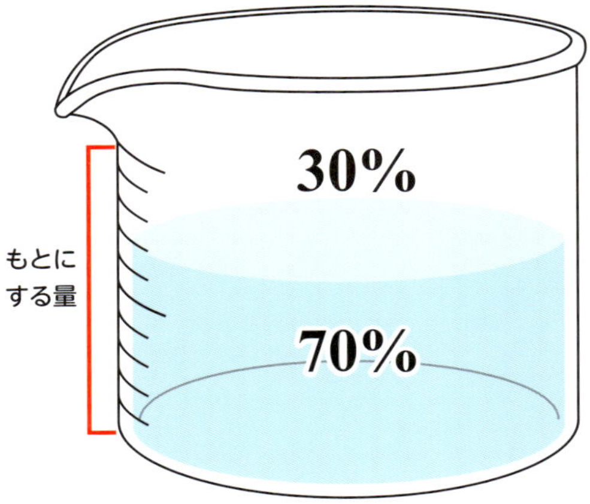

ビーカーの容量を100 とすると、「入っている水の量」は、70%。また、比べる量が「水の入っていない量」だと、30 %となる。

%＝比べる量÷もとにする量×100

%の世界

10 等分されたケーキの1ピースの割合
10%

© aitormmfoto-Fotolia

花びんの中の赤いチューリップの割合
60%

コーヒー牛乳にしめる
牛乳の割合
約 25%

注：市販されているコーヒー牛乳の一例です。

大人の体にしめる
水の割合
約 60 ～ 65%

日本の人口の
65 歳以上の割合
約 27%
30人あたり約8人

日本の人口の
15 歳未満の割合
約 12%
30人あたり約4人

総務省統計局 人口推計（平成 28 年 10 月 1 日現在）より

もとの値段より大きな値段？

消費税は付加価値税ともいって、ものを買うときに支払う税金です。消費税は、世界で140か国以上の国で導入され、多くはもとの値段の10 ～ 25パーセント【%】と決められています。消費税が10%であれば、100円のものを買うときに、100円（もとの値段）の10%にあたる10円をもとの値段に足して支払います。そのため、支払う金額の割合は110 %と表すことができます。

消費税が15%のときに、4500円のものを買うと、1%は45円なので、675円を消費税として支払う。

そのほかの割合の表し方

小数と分数と歩合

割合を表す記号にパーセント【%】がありますが、そのほかに、割合を小数や分数を使って表すことがあります。

小数を使った割合の表し方

小数を使って割合を表すときには、もとにする量を1として考えます（→比重：61ページ、マッハ：79ページ）。その場合、もとにする数の何倍として表すこともあります。割合を小数で表す場合は、10%は、%が100分の1なので、0.1となります。

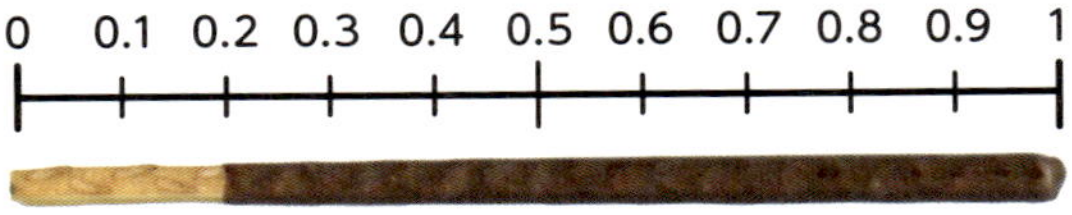

上のチョコレートをかけた細長いクッキー全体を1として考えると、チョコレートがかかっていない部分の割合は0.2、チョコレートのかかっている割合は0.8。

割合＝比べる量÷もとにする量

箱の中のチョコの
ホワイトチョコの割合
0.2

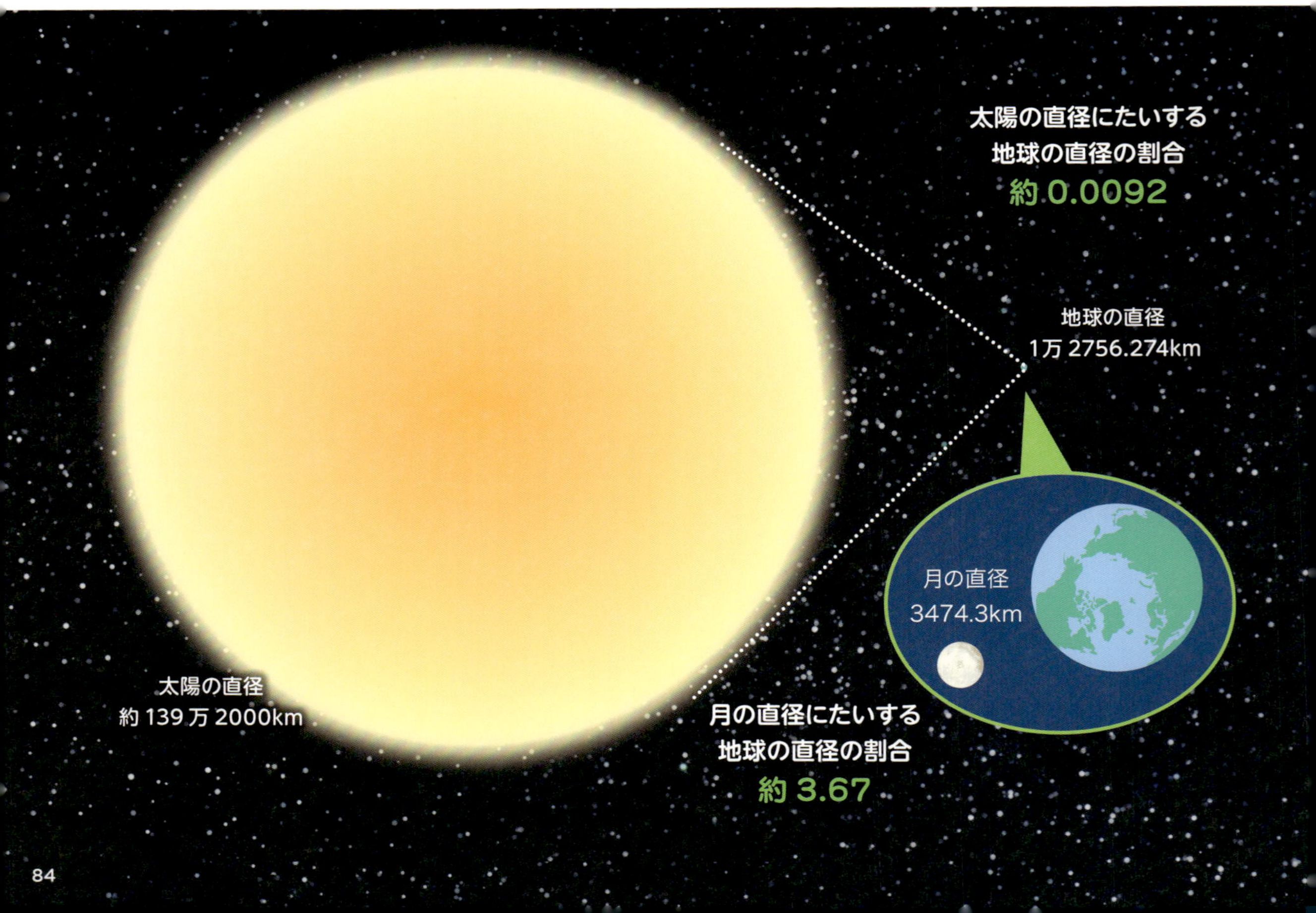

分数を使った割合の表し方

分数を使うときには、もとにする量は１として考え、分母にもとにする量を分割した数、分子に比べられる量を入れて示します。分数で割合を表す場合、小数や％では割り切れない数値も表すことができます。

おいてあるリンゴの青リンゴの割合

$\frac{1}{3}$

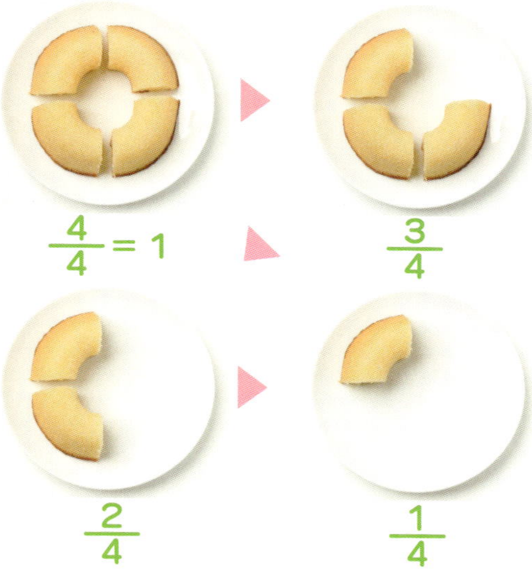

１つのドーナツを４等分して、皿の上にある４分の１の大きさのドーナツを比べる量とすると、分母が４で分子はそれぞれのかけらの数になる。

日本語で割合を表す単位

昔から日本では、割合を表すときは、「割」という単位が使われてきました。割は、もとになる量を10として考えるため、もとの量の10分の１つまり10％が１割となります。さらに、もとの量の100分の１を「分(ぶ)」、1000分の１を「厘(りん)」といいます。このような割合の表し方を「歩合」といい、商品の○割引というものの値引きや、野球の打者が10回の打数で３本の割合でヒットを打つ場合に、打率３割とか、３割打者などとよぶように、日常的によく使われています。

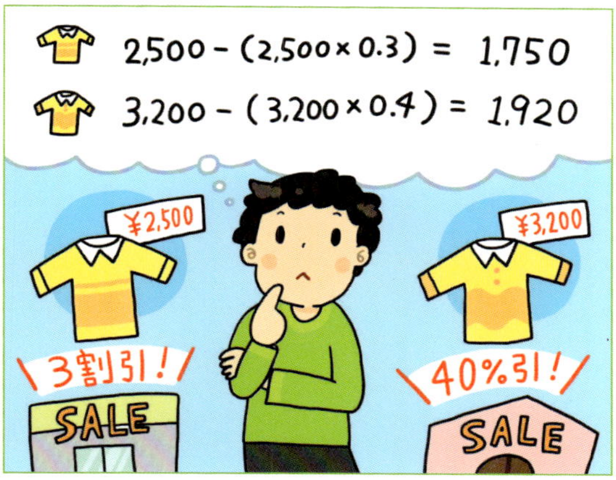

よくにたものが、別の店で割引されていた時、値引きの割合や％の比較ができると、より安い方をえらぶことができる。

割合の表し方を比べる

	もとにする量	もとにする量より比べる量が小さいとき							もとにする量より比べる量が大きいとき	
%	100	0.1%	1%	10%	25%	50%	80%	100%	150%	200%
小数	1	0.001	0.01	0.1	0.25	0.5	0.8	1	1.5	2
分数	1	$\frac{1}{1000}$	$\frac{1}{100}$	$\frac{1}{10}$	$\frac{1}{4}$	$\frac{1}{2}, \frac{5}{10}$	$\frac{4}{5}, \frac{8}{10}$	1	$\frac{3}{2}, \frac{15}{10}$	$\frac{4}{2}, \frac{20}{10}$
歩合	10	1厘	1分	1割	2割5分	5割	8割	10割	-	-

コラム 比べる量が小さいときに使う記号

パーセント【%】は、百分率という言葉のとおり、もとにする量を100等分したときの割合を示します。そのため、比べる量が小さいときに、もっと全体を小さく等分したものと比べるのに使う記号があります。

‰ **パーミル**

千分率の記号。

1にたいする0.001。

‱ **パーミリアド**

万分率の記号。

1にたいする0.0001。

世界一急な勾配をもつ鉄道は、スイスのピラトゥス鉄道といわれ、480‰、角度にして25.6°にもなる。

より小さな比率を表す記号

パーミル【‰】とパーミリアド【‱】は、それぞれ全体の量の1000分の1、全体の量の1万分の1を表します。あまり見る機会は多くありませんが、‰については鉄道の勾配を表すときに、1000メートル【m】あたり、何m上昇または下降するかというのを示すのに使われます。

日本でもっとも急な勾配をもつ鉄道は大井川鐵道「南アルプスあぷとライン」の勾配90‰、角度にして約5.1°だといわれています。

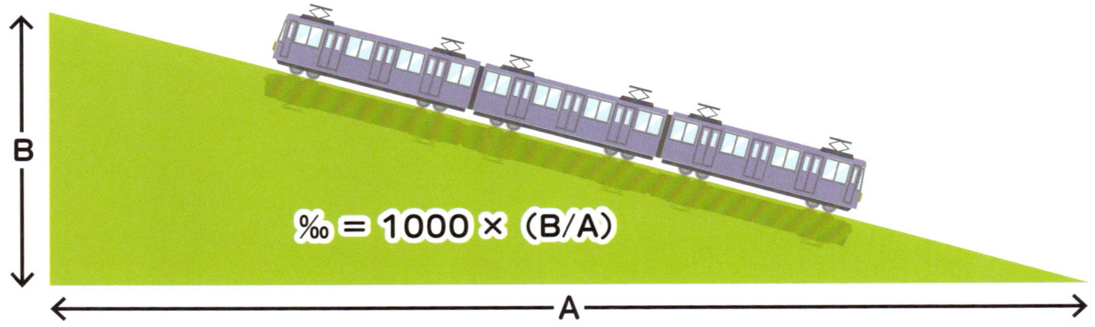

比率を表す言葉

%や‰、‱といった記号は、数学的な記述において国際的に認められている記号です。それよりももっと小さな比率を表すときに、"ppm"（100万分の1"parts per million"）、"ppb"（10億分の1"parts per billion"）などといった英語の言葉の頭文字をとって記号としたものを使うことがあります。ただし、ppbとpptについては、とくに使用言語に依存するため、国際単位系を使う文章の中では、なるべく使用しないようにされています。

記号	元の言葉	意味
%	percent	100分の1
‰	permil	1000分の1
‱	permyriad	1万分の1
ppm	parts per million	100万分の1
ppb	parts per billion	10億分の1
ppt	parts per trillion	1兆分の1
ppq	parts per quadrillion	1000兆分の1

第5章

温度と熱量の記号と単位

℃　°F　273.15K　cal　J

物体のあたたかさや冷たさを示すのが温度で、熱量は熱エネルギーともいい、ものとものの間を熱として移動するエネルギーです。ものに熱量を加えることで温度を上げることができます。この章では、温度や熱量に関係した単位や記号を紹介します。

日常的に使われる温度の単位

【℃】度（セルシウス度）

関係のある単位
温度 K → 90 ページ
圧力 hPa → 120 ページ

日本では気温や体温など、温度の単位に度（セルシウス度）【℃】をよく使います。セルシウス度は、１気圧（→120ページ）の中で氷がとける温度（融点）を0℃、水が沸騰する温度（沸点）を100℃として、その間を100等分したものです。摂氏温度（セ氏温度）ともよばれます。

スウェーデンの天文学者で物理学者のセルシウスが考案して、実用化したとされ、その名にちなんだ単位名となりました。漢字で摂氏と書くのは、セルシウスの中国音訳「摂爾修斯」からきています。

セルシウスははじめ、水の沸点を0℃、氷の融点を100℃としていましたが、のちに目盛りを逆転し、現在のように融点を０℃、沸点を100℃として使うようになりました。

温度計は温度の変化によって、液体の体積が大きくなったり小さくなったりすることを利用して温度をはかっている。

高い山の上でたくご飯はまずい？

セルシウス度【℃】の基準となった、水の沸点と融点は、空気の重さ、つまり気圧によって変わります。ふつうくらしている約1気圧の場所では、水は約100℃で沸騰しますが、気圧が低いほど、沸点は下がり、ふつうの電気炊飯器を使って、高い山の上でごはんをたくと、水は100℃よりも低い温度で沸騰してしまい、米に固いしんが残った半炊きになります。また、融点は気圧が高いほど下がります。

標高3776メートル【m】の富士山の頂上では、約90℃で水が沸騰する。

℃の世界
ろうそくの火の温度
1000 ～ 1400℃
水が沸騰する温度
100℃
気温
炊きたての
ご飯の温度
約 85℃
最高気温
の世界記録
56.7℃
カリフォルニア州（米）
ファーネスクリーク
ネコの体温
38 ～ 39℃
ヒトの体温
約 36 ～
37℃
日本の真夏日は
最高気温
30℃以上
冷蔵庫（冷蔵室）の温度
約 1 ～ 6℃
氷がとける温度
0℃
日本の真冬日は
最高気温
0℃未満
最低気温の
世界記録
－89.2℃
南極大陸ヴォストーク基地
ドライアイスの温度
－79℃

国際単位系の温度の単位

【K】ケルビン

ケルビン【K】は、国際単位系（SI）として国際的に定められた温度の単位です。イギリスの物理学者ケルビンにちなんで名づけられました。温度は、物質の中の分子や原子が動き回る「熱運動」で上下します。分子や原子の動きが大きいほど温度が高く、分子や原子の動きが小さいほど温度が低くなります。そして、分子や原子の動きが完全に止まった状態が「絶対零度」です。絶対零度は0Kと表し、セルシウス度では－273.15℃です。Kで表す温度は℃の数値から273.15を引いたものとなります。物質の温度は絶対零度よりも低くなることはありません。

現在、Kは水の三重点（右上図）の熱力学温度の273.16分の１と定められていますが、2018年の国際度量衡総会ではキログラム【kg】（→52ページ）と同じように、普遍的な物理定数のボルツマン定数により定義される予定です。

水の状態と温度・圧力の関係図

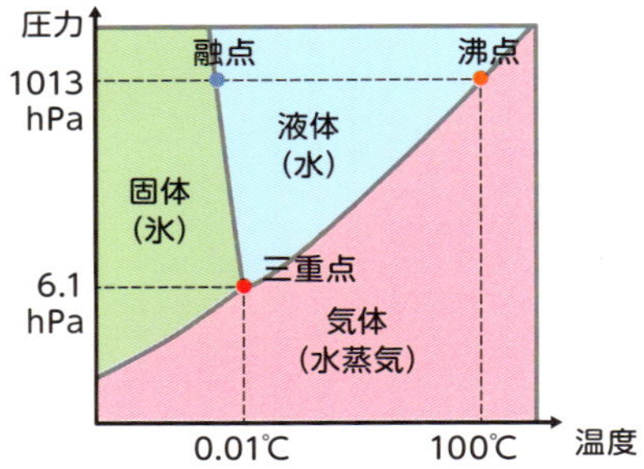

ある物質が気体、液体、固体の状態が同時に存在し、安定していられるところを三重点という。水では温度0.01℃（-273.16K）、圧力610.6Paの点がこれに当たる。

気体の体積は圧力に反比例し、圧力が一定の場合、温度に比例することから、圧力×体積÷温度は、気体の種類によらず常に一定で、その数値を気体定数やガス定数といいます。この気体定数をアボガドロ数（１モル【mol】中の分子数）で割ったものがボルツマン定数です。ボルツマン定数をつかった定義では、温度（T）＝［理想気体の音速（w）^{2}×mol質量（M）］／［比熱比（γ）×ボルツマン定数（k）×アボガドロ定数（N_A）］と表します。

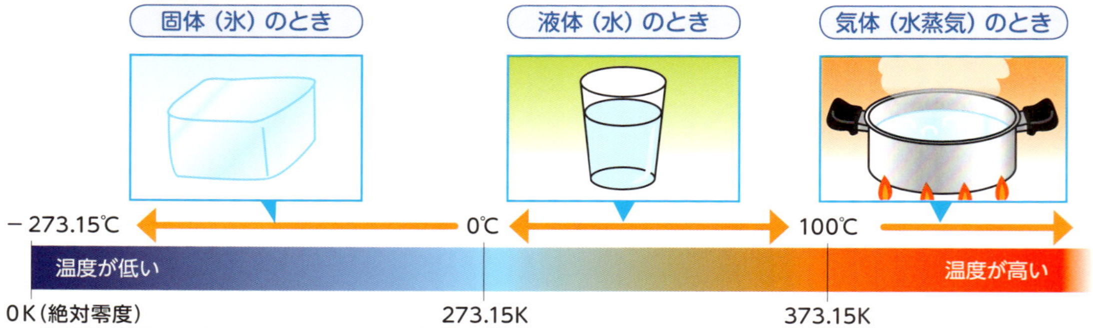

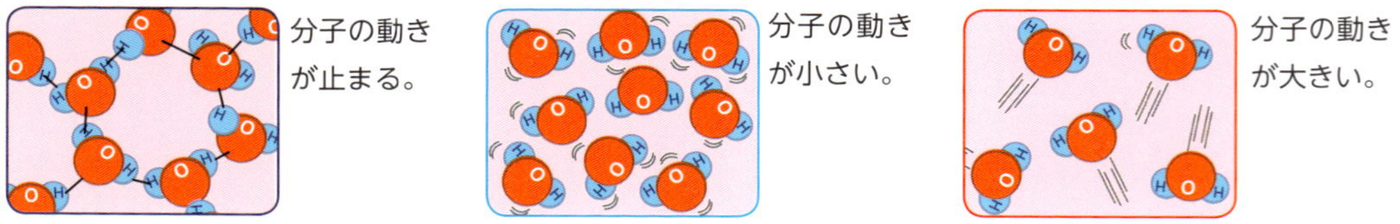

色を表すケルビン

ケルビンは、光の色を数値化した温度として表す色温度にも使われます。これは光の色と物体の温度に一定の関係があることから生まれました。それにあたるあらゆる光を完全に吸収する仮想上の物体を黒体として、黒体を熱して等しい色の光を出すときの温度を絶対温度のKで表します。光の色は赤→黄白→青白→青の順で温度が高くなります。空に輝く星も、表面温度が高くなるにつれて青白く見えます。

ガスコンロの火をよく見ると青い火が出ている。ろうそくの火は1000℃～1400℃だが、ガスコンロの青い火はおよそ1700℃にもなる。

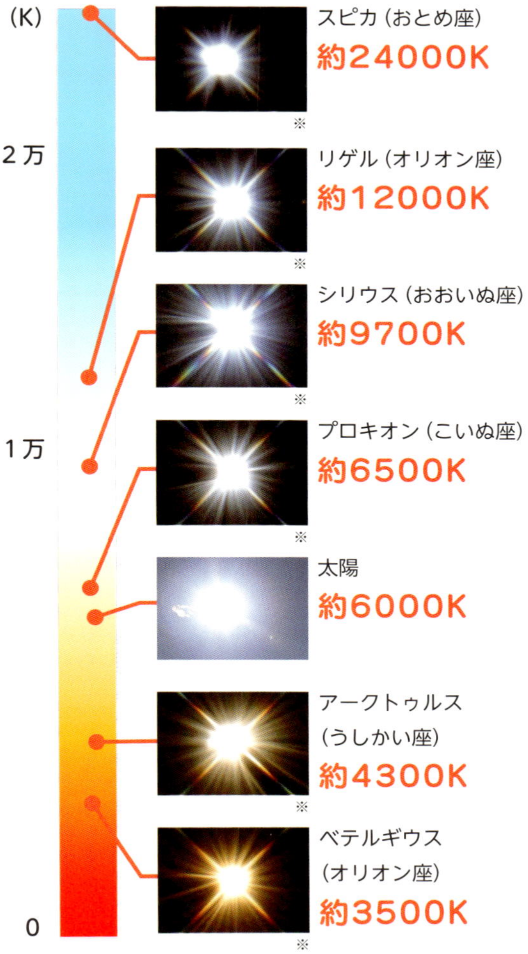

※© なよろ市立天文台

アメリカなどで使われる温度の単位

アメリカやイギリスなどでは、ファーレンハイト度【℉】という温度の単位を使っています。日本語では、「華氏温度（カ氏温度）」とも書くのは、ファーレンハイトの中国音訳「華倫海」からきています。

18世紀に、初めて水銀温度計をつくったドイツの物理学者ファーレンハイトが考えた方法で、人工的につくった一番低い温度（氷に塩化アンモニウムを加えてつくる）を最低温度の0度、人の平均的な体温を最高温度の96度として、温度の基準としました。その後、1気圧のもとでの融点を32℉（0℃）、沸点を212°F（100℃）として、その間を180等分して目盛りをつくっています。

ファーレンハイト度からセルシウス度への変換は、℃=5/9×(℉−32)で求められる。

アメリカの体温計で97℉と表示されたとき、日本の体温計では36.1℃ほどになる。

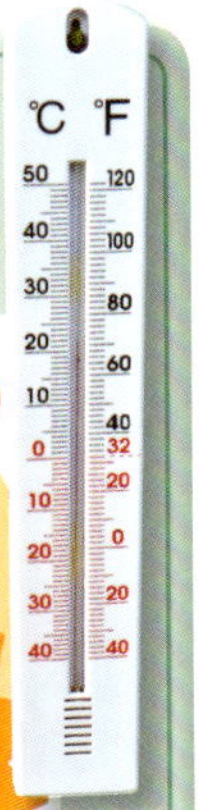

エネルギー量を表す単位

【cal】カロリー

食べ物や飲み物の容器にエネルギー○calや○kcalなどと書かれているのを見かけます。このカロリー【cal】やキロカロリー【kcal】は、それに含まれる栄養分のエネルギー量（熱量）を表す単位です。ラテン語で熱という意味の"calor（カロール）"からきています。

1 calは、1グラム【g】(→56ページ) の水の温度を1セルシウス度【℃】上げるのに必要な熱の量です。ただし、現在は国際的な熱量の単位にはジュール【J】を使うようになっています。

関係のある単位

重さ g → 56 ページ ｜ 温度 ℃ → 88 ページ

栄養成分 100ml当たり
エネルギー 41 kcal
たんぱく質 1.3 g
脂 質 0.8 g
炭水化物 7.2 g
ナトリウム 58 mg
VAN HOUTEN COCOA
500ml
栄養成分表(1缶当り・液汁含む)
エネルギー…349kcal
たんぱく質……26.5g
脂 質……26.9g
炭水化物……0.1g
ナトリウム…588mg

食事の栄養バランスを考えられるように、ほとんどの食品に、カロリーや栄養成分が表示される。

栄養分が燃えて熱を出す

運動をしたあとや、食事をしたあと、ぽかぽかと体が温かくなります。これは肺の中に吸いこんだ空気の中の酸素が、血液にのって体中に行きわたり、食べた栄養分が体の中で燃え（化学反応し）て、熱やエネルギーと二酸化炭素に変わるためです。

ヒトが活動するためには、ちょうどよい量のエネルギーが必要となります。

1日に必要なエネルギー量（kcal） 体の大きさや運動する量によっても1日に必要なエネルギーは変わってくる。

年齢	男			女		
	運動しない	ふつう	よく運動する	運動しない	ふつう	よく運動する
6～7	1,350	1,550	1,750	1,250	1,450	1,660
8～9	1,600	1,850	2,100	1,500	1,700	1,900
10～11	1,950	2,250	2,500	1,850	2,100	2,350
12～14	2,300	2,600	2,900	2,150	2,400	2,700
15～17	2,500	2,850	3,150	2,050	2,300	2,550
18～29	2,300	2,650	3,050	1,650	1,950	2,200
30～49	2,300	2,650	3,050	1,750	2,000	2,300
50～69	2,100	2,450	2,800	1,650	1,900	2,200
70～	1,850	2,200	2,500	1,500	1,750	2,000

厚生労働省『日本人の食事摂取基準』(2015年版) より

【J】ジュール

日本では、食べ物や飲み物に含まれる熱量をカロリー【cal】で表しますが、多くの国では、国際的に使うことが認められたジュール【J】という単位で表します。

１Jは、約0.24calで、１calは約4.2Jです。お互いの数値が割り切れないのは、そもそもジュールが食べ物に含まれるエネルギーだけでなく、運動や電気などすべてのエネルギーを表すのに使われる単位だからです。

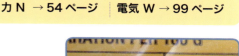

関係のある単位
力 N →54ページ　電気 W →99ページ

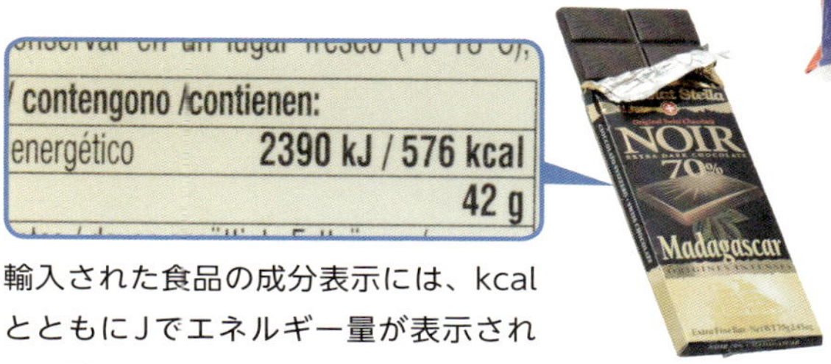

輸入された食品の成分表示には、kcalとともにJでエネルギー量が表示されている。

15℃の水2Lを沸騰させるには、17万cal（170kcal）＝71万4000J（714kJ）の熱量が必要となる。

仕事量を表すジュール

１Jは、１ニュートン【N】（→54ページ）の力がその力の方向に、物体を１メートル【m】動かすときの仕事（エネルギー）の大きさを表します。これは、約100gの重さのものを、１m持ち上げるぐらいの力のはたらきです。このように「ものを動かすエネルギーの大きさ」を仕事量ともいいます。

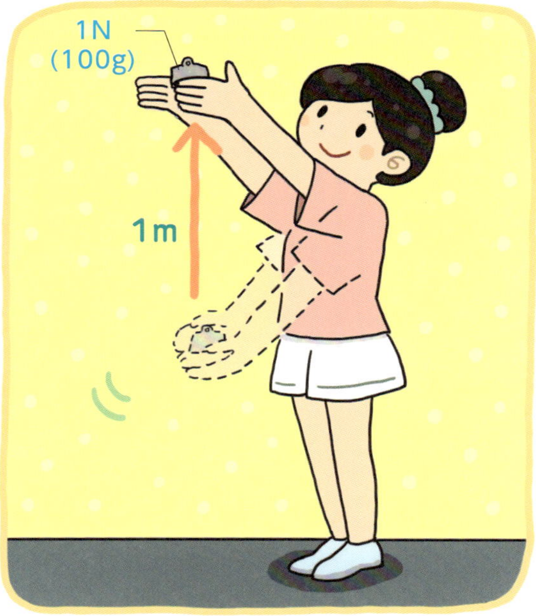

ふだん電気を使った仕事量は電力とよばれてワット【W】（→99ページ）で表しますが、Jを使っても表すことができます。１Jは、１Wの電力を１秒間使ったときの仕事量として計算します。1000Wの電気ポットで、お湯を沸かすのに60秒かかるとき、その仕事量は6万Jと計算されます。

このJという単位は、イギリスの実験物理学者ジュールにちなんで名づけられました。ジュールは、導線に電気を流すと発生する熱に関する研究を行い、熱量（Q）が電流（I）の2乗と導線の電気抵抗（R）の積に等しい（$Q = I^2R$）という「ジュールの法則」を発見したことでも名が知られています。

コラム 家庭でよく見る洗濯の記号

2016年12月から、JIS（日本工業規格）の洗濯表示の記号が新しくなりました。国際規格であるISO（国際標準化機構）の定める記号に合わせて改正されています。

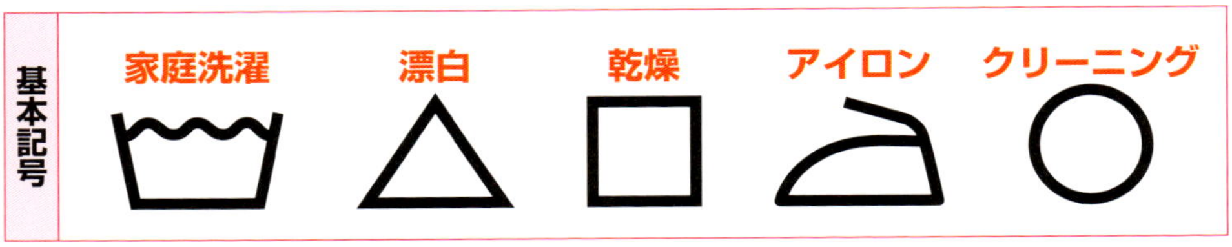

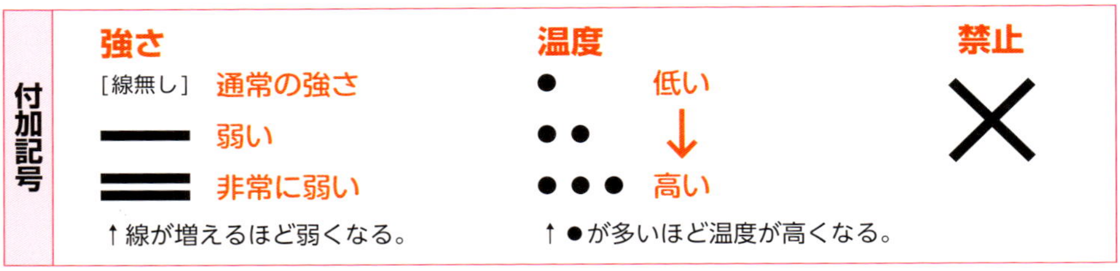

家庭洗濯

洗濯液の上限温度を、記号の中に入れる。

洗濯機の強さを、記号の下の線で表す。
「－」は弱く、「＝」はさらに弱く。

家庭での洗濯はできない。

手洗いができる。洗濯機は使えない。

漂白

塩素系および酸素系漂白剤が使える。

酸素系漂白剤しか使えない。

漂白剤は使えない。

タンブル乾燥

家庭でタンブル乾燥ができる。
「●」2つは高温（排気温度の上限が80℃）、
「●」1つは低温（同60℃）を示す。

タンブル乾燥はできない。

自然乾燥

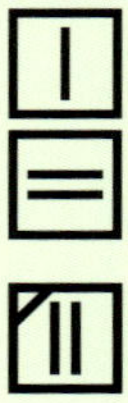

縦線はつり干し、横線は平干しを表す。
線1本は脱水をしてから、
線2本は脱水をしないで干す。

日陰でのぬれつり干し乾燥がよい。
斜線は、陰干しを表す。

アイロン仕上げ

アイロンの底面温度の上限を、「●」で表す。
「●」3つは200℃、2つは150℃。
1つは110℃で、スチームなしでアイロンがかけられる。

アイロンはかけられない。

クリーニング

パークロロエチレンや規定の溶剤でドライクリーニングができる。

石油系溶剤でドライクリーニングができる。

ドライクリーニングまたはウェットクリーニングはできない。

第6章

電気と磁気、電磁波にかかわる記号と単位

Hz Ω J lx A V dB dpi

電気と磁気には深いつながりがあります。＋と－の電気があれば電界が生まれ、電気が流れると磁界が生まれます。この電界と磁界がお互いに影響しあって、光と同じ速さで空間を伝わる波を電磁波といいます。この章では、電気や磁気、電磁波や電子機器に関係した単位や記号を紹介します。

電気が流れる量と押し出す力

【A】アンペア

電気は、はじめ化学的な現象として考えられため、メートル法とは別体系のものとして扱われてきました。それがフランスの物理学者アンペールにより、2本の平行におかれた導線に電流を流すと、導線が引き合ったり反発しあったりすることが発見され、力や長さの単位によって定義ができるようになりました。現在、国際単位系（SI）で定められた電流の量を表すアンペア【A】は、真空中に1メートル【m】の間隔で平行におかれた無限に細く、無限に長い2本の直線状導体に電気を流したとき、それらの導体の長さ1mにつき2×10^{-7}ニュートン【N】の力がはたらく一定の電流だと定義されます。ただし、この方法で測定すると、再現度にばらつきがあり、電圧と抵抗から標準となる電流が求められてきました。

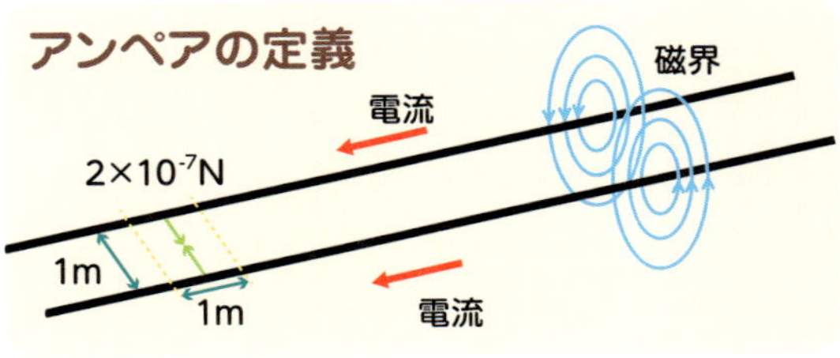

電流とアンペアは、水と水道の蛇口の関係に似ている。Aが大きいほど、1秒間に流れる電気の量は多くなる。

Aの世界

電気製品のアンペアは、その製品を動かすのに必要な電気の量を表す。

注：消費電力は商品によって差があります。

白熱電球 1A

電子レンジ（約27L） 約14A

LED電球 0.01～0.3A

ドライヤー（ターボ時） 約12A

※ © パナソニック

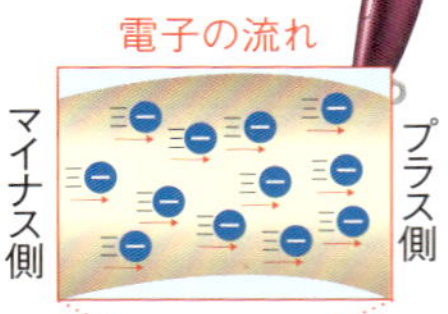

電流は＋から－に流れるとされるが、－の電荷をもつ電子は＋極に引きよせられ、－極から＋極に流れる。

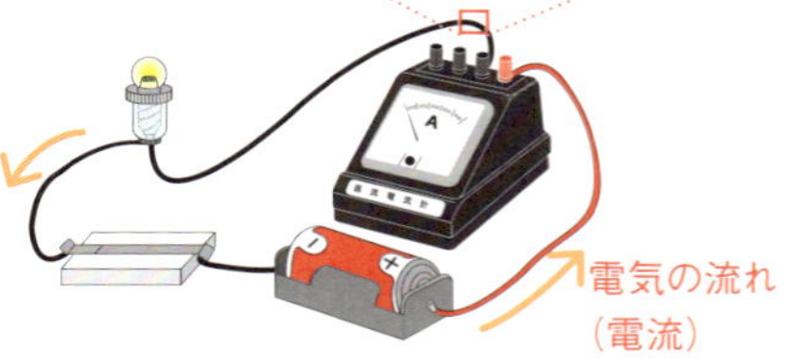

電流の正体と新たな定義

そもそも電流は、金属などがもつ原子からはなれて自由に移動ができる自由電子が同じ方向に動くことで生まれます。新しい国際単位系では、電子がもつ電荷から電流を求めようとしています。電荷（電気量）の単位はクーロン【C】で、1秒間に1Aの電流によって運ばれる電荷が1Cと定義されます。観測される電気量の最小単位を電気素量といって、$1.602176620(83)\times10^{-19}$ Cです。電気素量はプランク定数（→53ページ）が定まることで、かなり正確に求められる物理定数で、2018年秋の国際度量衡総会で電気素量をもとにしてAが定義される予定です。

【V】ボルト

　電流を流そうとする力の大きさ（電圧）をボルト【V】という単位で表します。食塩水にひたした紙と２種の金属板で電気を取り出す電池を考案したイタリアの物理学者ボルタにちなんだ名前です。

　電気回路は水の流れによく例えられます。電圧が同じだと、電気は流れません。電気の流れである電流は、電圧の高いものから低いものへ向かって流れます。また、この電圧の差が大きいほどより大きな電流が流れます。

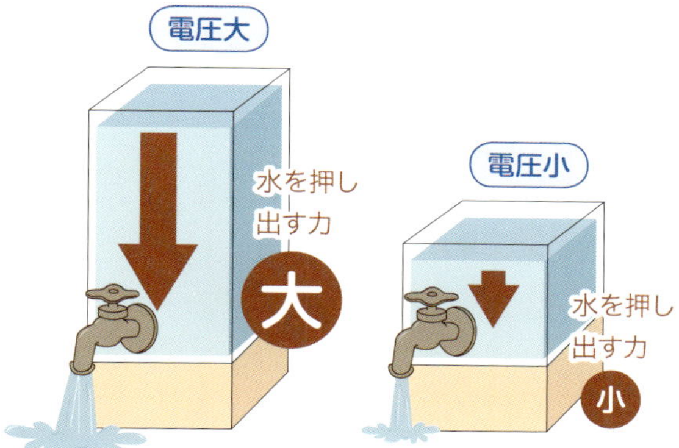

水面から蛇口までの高さが大きいほど水圧が高く、水はいきおいよく流れる。それと同じように、電気も電圧が高いほど、大きな力で押し出されることになる。

V の世界

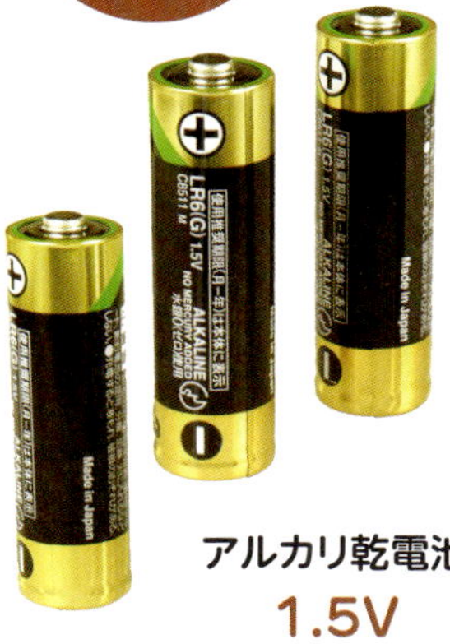

アルカリ乾電池
1.5V

家庭用コンセント
100V

エアコンやIHクッキングヒーターなどには、200V電源が使われることもある。

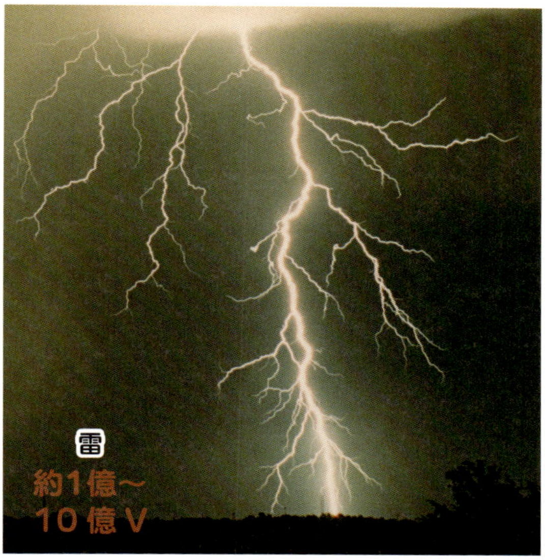

電圧よりも電流が危険!?

　寒く乾燥した日、ドアノブをさわったり、ほかの人にふれたりしたときに、バチッという音がして痛かったことがありませんか？　この原因が静電気です。服などがこすれあって電気がおき、体にたまった電気がほかのものに流れることでおこる放電現象です。静電気が流れるときの電圧は、なんと数千～数万ボルト【V】にもなります。ただし流れる電気の量（電流）は一瞬で約0.001アンペア【A】ほどのため、静電気が流れても指先が少ししびれるくらいです。逆に電気製品の場合、電圧は約100Vですが、電流が1A以上で流れ続けるので、人体に流れると危険です。

電流が高く、電気が流れ続けると危険。ぬれた手で電気製品やコンセントに触るのは厳禁。

回路の抵抗と電力

【Ω】オーム

オーム【Ω】は電気の流れにくさを表す単位です。1アンペア【A】の電流が流れる導線の2点間の電圧が1ボルト【V】であるとき、その2点間の電気抵抗が1Ωと定義されています。

導線を流れる電流の大きさ(電気の量)は、導線の両端にかかる電圧の大きさに比例し、抵抗の大きさには反比例します。この法則は、イギリスの化学者で物理学者のキャベンディッシュが発見しましたが、その後ドイツの物理学者オームが公表して広まったため、オームの法則とよばれます。そして、その名にちなんで抵抗の単位をオームといいます。

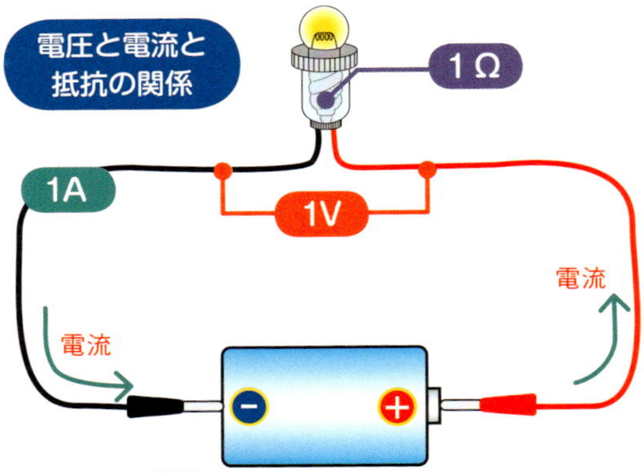

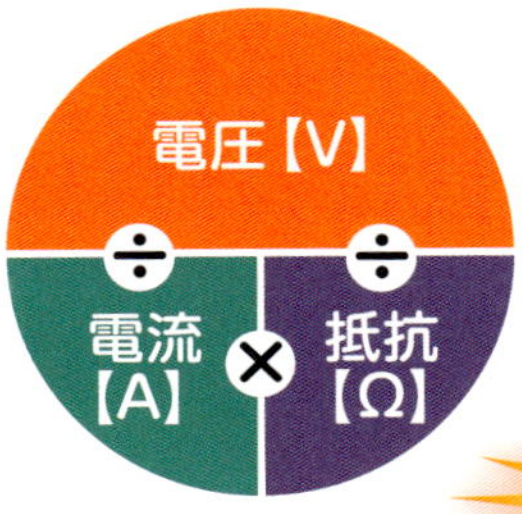

オームの法則は、電圧＝抵抗×電流という式で表される。求めるものを隠すと、計算式があらわれる。

電気抵抗のちがいと変化

電気の流れにくさを表す抵抗は、その素材(物質)や温度によって違います。導線の材料として使われる銅や金属など、一般的に電気を通しやすいものは導体(導電体)とよばれます。反対にガラスやゴムなど電気を流しにくいものは絶縁体や不導体とよばれます。

導体である金属の中でもニクロム(ニッケルとクロムの合金)など、電気抵抗の大きなものは、移動する電子が原子にぶつかって熱や光が生まれます。

また、導体と絶縁体の中間の性質をもつものが半導体で、ケイ素やゲルマニウム、セレンなどがあります。純粋なケイ素は電気がほとんど流れませんが、不純物がふえるほど抵抗が小さくなり、電気が流れやすくなります。ゲルマニウムやセレンは温度が高くなるほど抵抗が小さくなり、電気が流れやすくなります。こうした半導体の性質を利用してトランジスターやダイオード、集積回路(IC)などがつくられています。

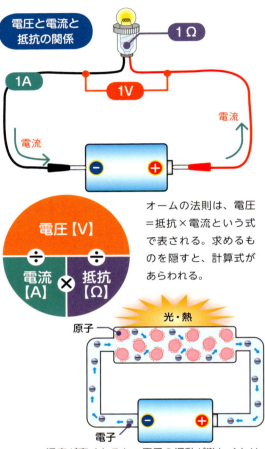

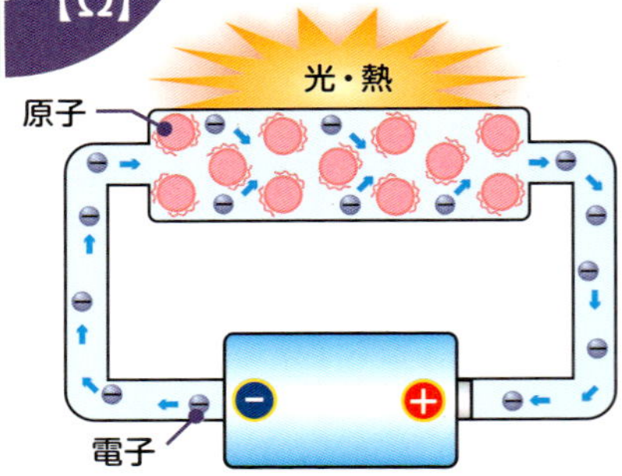

温度が高くなると、原子の振動が激しくなり、自由電子の移動がじゃまされて、電気抵抗が大きくなる。また金属によっては、極低温で電気抵抗が0になる超伝導という現象がおきる。

	物質	抵抗【Ω】
導体	アルミニウム	0.027
導体	金	0.022
導体	銀	0.016
導体	銅	0.017
導体	鉄	0.093
導体	ニクロム	1.08

	物質	抵抗【Ω】
半導体	ゲルマニウム	10^{5}
半導体	ケイ素	10^{9}
絶縁体	ウンモ	10^{19}
絶縁体	ガラス	10^{15}～10^{17}
絶縁体	天然ゴム	10^{19}～10^{21}
絶縁体	大理石	10^{13}～10^{15}

すべて長さ1m、断面積1cm^{2}、18℃のときの抵抗値。

【W】ワット

回路は電気を流すことで、光や熱を出したり、ものを動かしたりするなどといった仕事をします。回路に流れた電気がある時間にする仕事（電力）を、ワット【W】という単位で表します。これは、熱エネルギーを運動エネルギーにかえる蒸気機関をつくったイギリスの技術者ワットにちなんで名づけられました。

電力【W】は、電流【A】×電圧【V】で求めることができ、オームの法則と合わせると、電力【W】＝（電圧【V】）^{2}÷抵抗【Ω】＝（電流【A】）^{2}×抵抗【Ω】とも表せます。

実際に、電気の力をどれくらい使うのかを示すので、「消費電力」とよばれ、家電製品の表示にもWがよく使われます。ほかに家庭で使用した電気料金には、電力【W】と使った時間【h】（→70ページ）であらわす電力量のワットアワー【Wh】という単位が使われます。また、電気だけでなく、仕事量を表す単位にジュール【J】があり、電力量【J】＝電力【W】×時間【s】で表すことができます。

同じ電圧で電気ストーブを使う場合、消費電力が大きいものほど、ストーブが出す熱の量は多くなる。

省エネ家電はどれ？

わたしたちは電気を光や熱、運動のエネルギーに変えて使っている。長時間使う電気製品ほど、消費電力をおさえると、使う電気を少なくできる。

エアコン（10畳用・冷房時）
515W

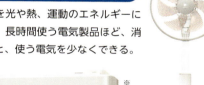

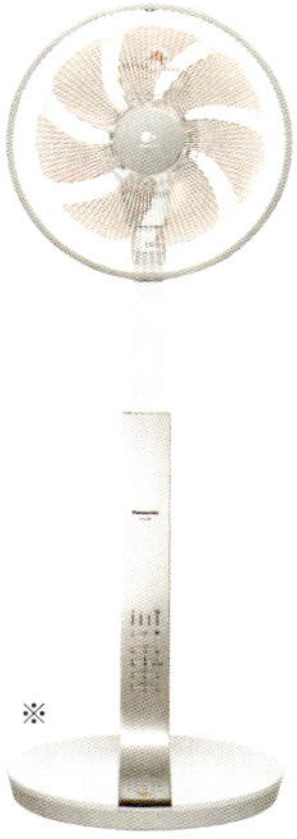
扇風機
22W

電気ポット
1000W（沸騰時）
35W（保温時）

電気ケトル
1250～1450W

※ © パナソニック

注：消費電力は商品によって差があります。

使う電気はワットよりアンペアに注意！？

家庭で使う電気は電力会社と契約をして、一度に何アンペア【A】まで使えるかが決められます。一度に契約したA数以上の電気を使うと、自動的に電気が止まります。たとえば、30Aの契約の場合、14Aの電子レンジと12Aの炊飯器の使用中に、洗面所で12Aのドライヤーと使うと、家の電気がすべて止まります。そんなとき、ブレーカーという大きなスイッチを確認しましょう。原因となった電気製品を消して、ブレーカーのスイッチを上げて入れ直すと、ふつう電気がまたつくようになります。

配電盤には家庭全体の電流を制御するブレーカーのほか、各部屋のコンセントへ続く回路ごとに、20Aほどの小さなブレーカーもある。

電気回路の記号

電池に銅線で豆電球をつなぐと、＋極から－極に電流が流れて、豆電球が光ります。この電流が流れる道筋を回路といいます。わたしたちは、電気回路をつくって電気をエネルギーにして、明かりをつけたり、モーターを回したり、生活や産業に電気を活用しています。電気回路のことを電子回路ともいいます。

DC
ディーシー

"Direct Current"の略で直流の電気を表す記号。乾電池など、＋極から－極に向かって1方向に流れる電流。

AC
エーシー

"Alternating Current"の略で交流の電気を表す記号。家庭用コンセントからとる電気など、流れる向きが変わる電流。

回路と回路図

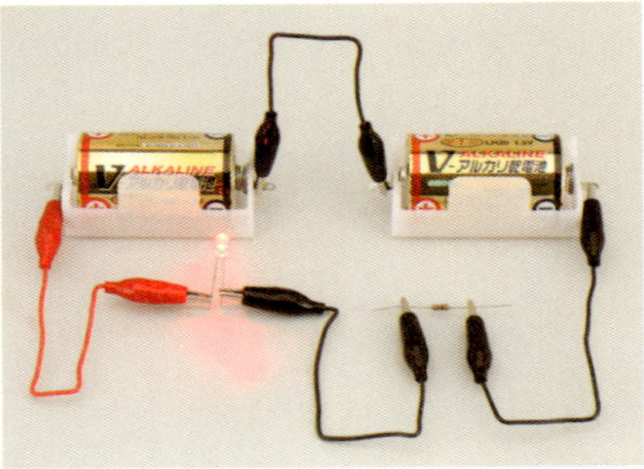

写真：青柳敏史

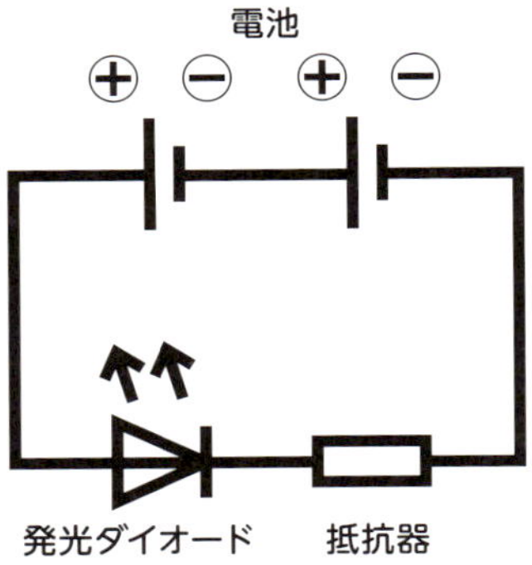

左の写真では、乾電池が直列に２個つながり、LEDと抵抗器がつながっています。こうした回路を記号で表したものが回路図で、写真の回路を図にしたものが左の図です。

回路図で使う記号（電気用図記号）

コンセント

壁などについている、交流の電気をとる部分。

電池

長い方が＋極、短い方が－極を示す。

直流

乾電池や充電式電池（二次電池）から取り出す電気。

交流

壁についているコンセントから取り出す電気。

モーター（電動機）

Mは"motor"の頭文字。
モーターは、電気の力を回転運動に換える。

発電機

Gは"generator"の頭文字。
モーターとは逆に、回転する運動エネルギーを電気に換える。

ダイオード

普通の導線は、両方向に電気が流れるが、ダイオードは一方向だけに流れる部品。

発光ダイオード（LED）

特殊な構造の半導体で、
電圧をかけると光を発する。

コンデンサー

電気を溜めたり放出したりする部品。

電源プラグ

電気製品についている、コンセントに差し込む部分。

スイッチ

回路の途中に入れて、回路に電気を流したり切ったりする。

電球

電気のエネルギーで光を発する。電球の中のフィラメントが、電流を流すと熱と光を放射する。

抵抗器

電気を通しにくくする部品。単に抵抗ともいう。電気の通しにくさに応じて、多くの種類がある。

端子

回路の端にあって、他の回路や部品と接続する部分。

マイク

音を電気信号に変換して回路に送る部品。

スピーカー

電気信号の強弱を電磁石で振動に変換し、コーン（紙でできた部品）を振るわせて音を出す部品。

アンテナ

空中の電波を受ける部品。空中線ともいう。

導線の接続

導線の交差

電気回路の配線同士のつながり方を表す。交差している部分に黒丸をつければ接続していることを、黒丸がなければ接続しないで交差していることを示す。

アース

回路に余分な電流が流れた場合、地中に逃がして回路を保護する部分。

電圧計

丸の中に電圧の記号Ｖが書いてある。
電圧を測るときは、回路に並列に入れる。

電流計

丸の中に電流の記号Ａが書いてある。
電流を測るときは、回路に直列に入れる。

検流計

微小電流や電圧の検出に用いられる計器。
ガルバノメーターともいう。

トランジスター

電気を通すか通さないかを制御する部品。
電子的なスイッチのようなもの。

新記号と旧記号

回路図には、JIS（日本工業規格）で定められた電気用図記号が使われます。このページに載っている記号は、国際規格に合わせて改正された新しいJIS記号です。ただし、回路図によっては改正前の記号が使われていることもあります。見慣れない記号だとしたら、それはたんなる間違いではなく、旧記号かもしれません。

スイッチの旧記号

抵抗器の旧記号

直流

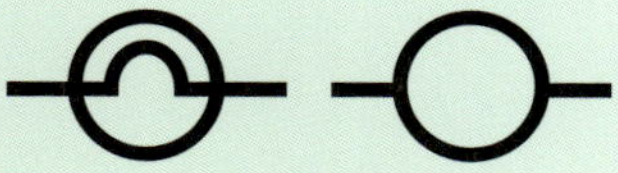

電球の旧記号

磁気に関する記号と単位

磁気と磁力

磁石が鉄などの金属を引きよせたり、ほかの磁石と引き合ったり、反発したりする力が磁力で、そうした性質を磁気といいます。磁石のまわりには、磁界（磁場）とよばれる磁力がはたらく空間ができます。磁界は目には見えませんが、砂鉄をまくと見えるようになります。そして、磁界のようすを模式的に表したのが磁力線（下図の青矢印線）です。

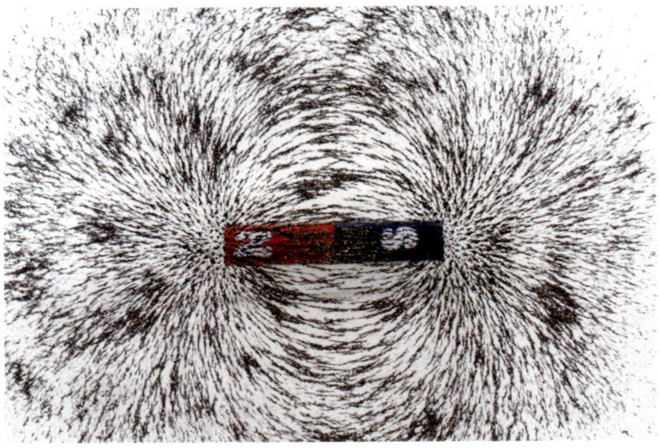

砂鉄によって見える磁石のまわりの磁界

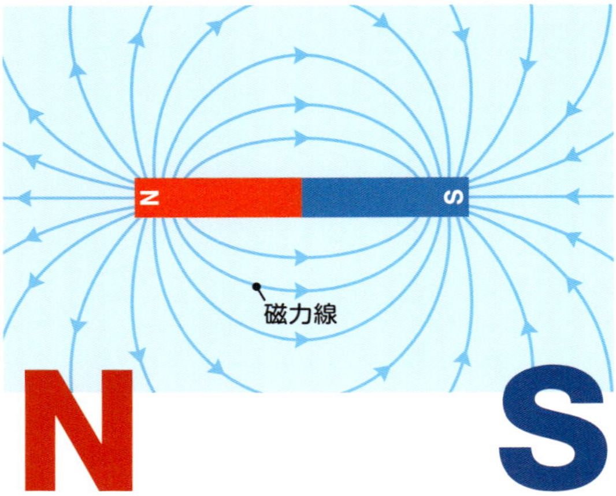

磁石の記号。それぞれの極は磁石の両端にある。

磁界において、方位磁針のN極がさす向きを磁界の向きという。

磁石にある記号

磁石にあるNとSという記号は、N極とS極を示しています。北（North）をさす方がN極、南（South）をさすほうがS極です。N極とS極は引き合い、N極同士、S極同士は反発し合います。

その性質を利用したのが方位磁針です。実は、地球は巨大な磁石になっていて、北極付近にS極が、南極付近にN極があるため、方位磁針のN極は北をさします。

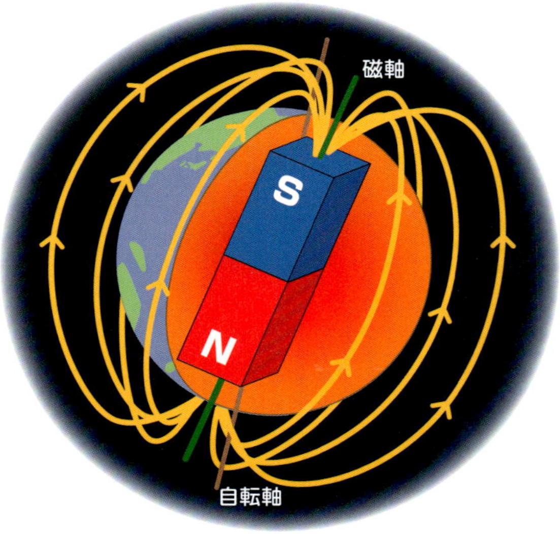

地球内部の核が動くことで、電流が生まれ、磁場ができると考えられている。地球の中心にあると仮定される棒磁石(磁気双極子)は自転軸(地軸)と約10度ずれている。この双極子をのばしたものが磁軸で、磁軸が地表と交わるところを地磁気極や磁軸極という。

電気と磁気の関係

電気と磁気には、ある関係性があります。導線に電気を流すと磁界が生まれます。導線（コイルなど）に電気を流してできる磁石を電磁石といいます。電磁石は、電流の向きによって、N極とS極が変わり、電気を止めれば磁界はなくなります。

また、磁界で電気が流れると、動力がえられ、磁界で導線を動かすと電気が生まれます。これがモーターと発電機のしくみです。

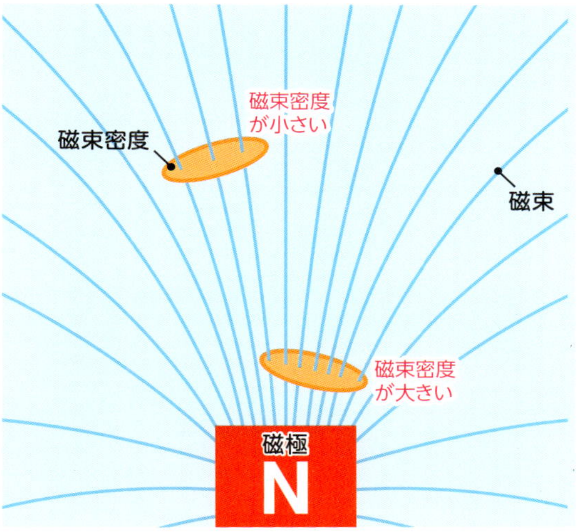

磁束密度は、磁極から離れるほど小さくなる。磁束の単位1Wbは、1秒に磁束の変化が1ボルト【V】の電圧を生じる場合の磁束。ドイツの物理学者ウェーバーの名から名づけられている。

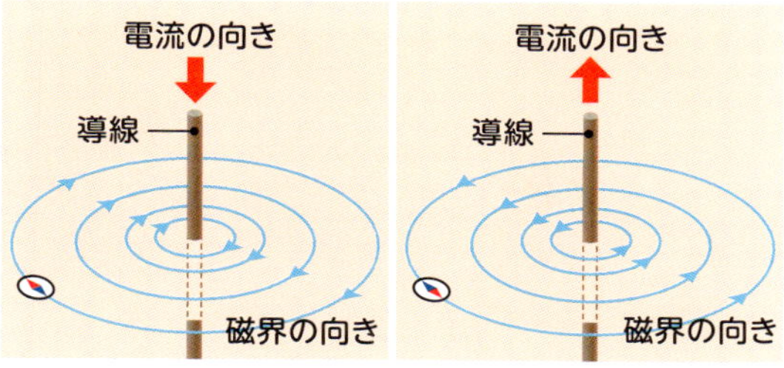

導線に電気を流すと磁界ができる。電流の向きが逆になると、磁界の向きも逆になる。

磁界に電流を流してできる力の関係をわかりやすく説明するのが「フレミング左手の法則」。

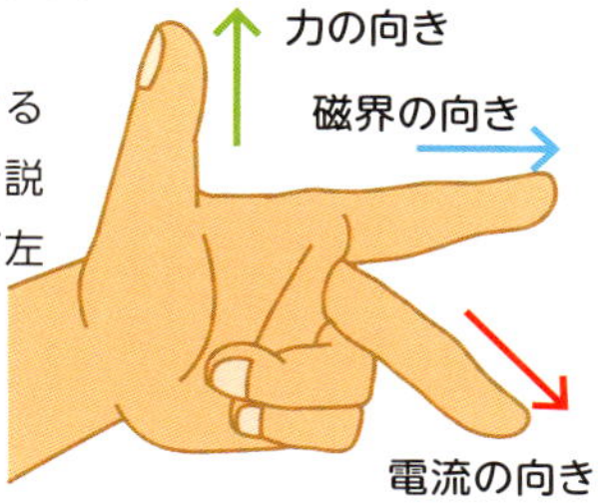

【T】テスラ

テスラ【T】は、国際単位系で定められた磁束密度の単位で、アメリカの電気技術者テスラにちなんで名づけられました。磁束密度とは、磁極や電流によってできた磁界の強弱、つまり磁力の強さを表します。それは磁界の向きに垂直な面積あたりの磁束（磁力線の束）の数を表します。また、この磁束の単位はウェーバー【Wb】で、1Tは磁束に垂直な面積１平方メートル【m^2】あたり、１Wbの磁束密度であることを表します。かつては、磁束密度にガウス【G】という単位が使われていて、１万Gが１Tです。

方位磁針がさす先は？

重心の1点で支えられた方位磁針は、緯度によって上下方向の傾き（伏角（ふっかく））が生まれ、日本ではN極側が50度ほど下を向き（伏角が50度）ます。この伏角が±90度となるところ、つまり磁針が垂直になるところを磁極といいます。磁極は、磁軸の延長にある地磁気極とは重ならず、南北に1つずつとも限りません。これは、地磁気を生み出す地球内部の動きが、地表近くにもあるためだと考えられています。そのため、方位磁針は地球の局地的な磁場に影響されて地理的な北をさしません。

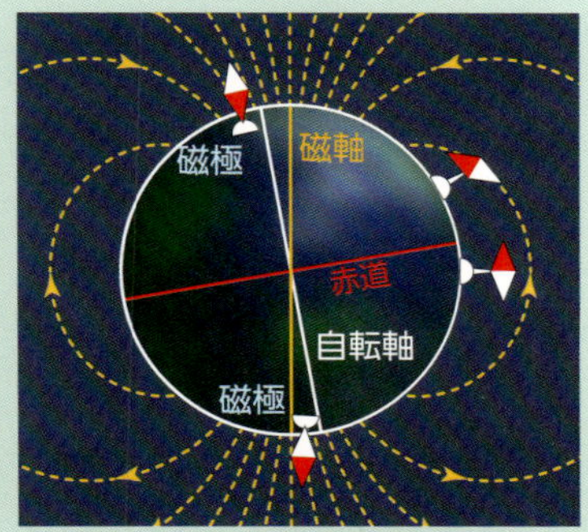

日本では、方位磁針がさす先は地理的な北から西に5～10度ずれている。

波をえがいて伝わるものを表す単位

【Hz】ヘルツ

関係のある単位
時間 s → 68 ページ

目には見えませんが、音や電波、光は、海の波と同じように山と谷をくりかえしながら、伝わっていきます。ヘルツ【Hz】は、それらの波が1秒間に何回くりかえすかを表す単位です。

ある決まった間かく（周期）で、くりかえし起きる波の回数を表すことから、周波数といい、波が起きているようすがゆれているように見えるため、振動数ともいいます。

周波数のちがいで音の高さや、光の色、電波の種類などが表せます。

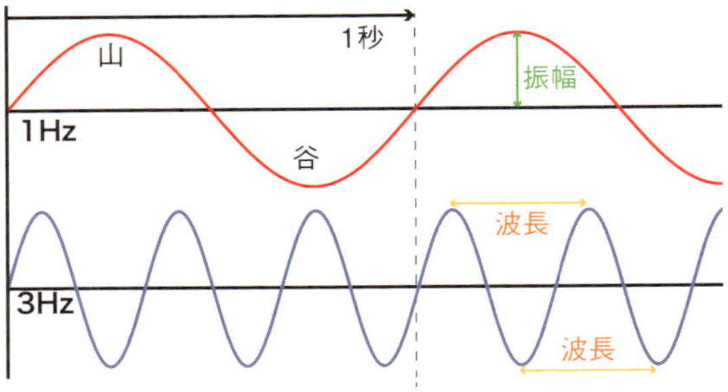

1秒【s】の間に山と谷の波が1回で1Hz。また、波の山と谷1回分の長さ（波の山から山、谷から谷の長さも同じ）を波長といい、波の高さを振幅という。

音の高さを表すヘルツ

あるものが出した音は、空気をふるわせて波（疎密波）をつくります。その波が耳の中の鼓膜をふるわせると、ヒトはその振動を音として感じます。音は振動数（周波数）が多いほど、高い音になります。

ヒトの耳は、振動数が20～2万Hzの間の音を聞くことができますが、動物の中には、ヒトの耳には聞こえない振動数の少ない低音（低周波の音）や多い高音（超音波、高周波の音）を出して、仲間と交信するものもいます。

コウモリは、ヒトには聞こえない周波数の高い音（超音波）を出して、はね返ってきた音を聞き、暗やみの中でも障害物をよけたり、えさをとったりできる。

聞こえる周波数のちがい

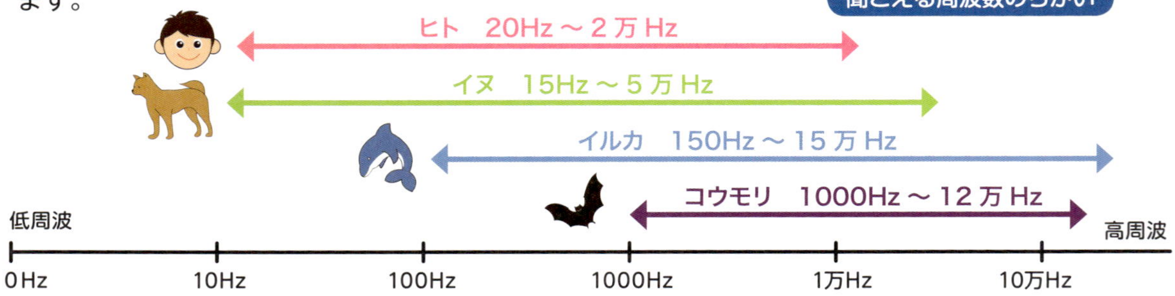

電磁波の周波数

電磁波は、電場（電界）と磁場（磁界）の変化の波が、お互いに影響しながら空間を進みます。テレビやラジオ、携帯電話などに使われる電波や目に見える光（可視光線）、熱を伝える赤外線、日焼けの原因となる紫外線、ものを通りぬける性質を持ちレントゲン撮影に使われるX線などもすべて電磁波です。

これらの性質のちがいは、周波数のちがいによってうまれ、電磁波はそのちがいを生かしてさまざまなものに利用されています。

ドイツの物理学者ハインリヒ・ルドルフ・ヘルツが、電波が波として伝わることを証明した。その業績にちなんで単位の名前はヘルツとなった。

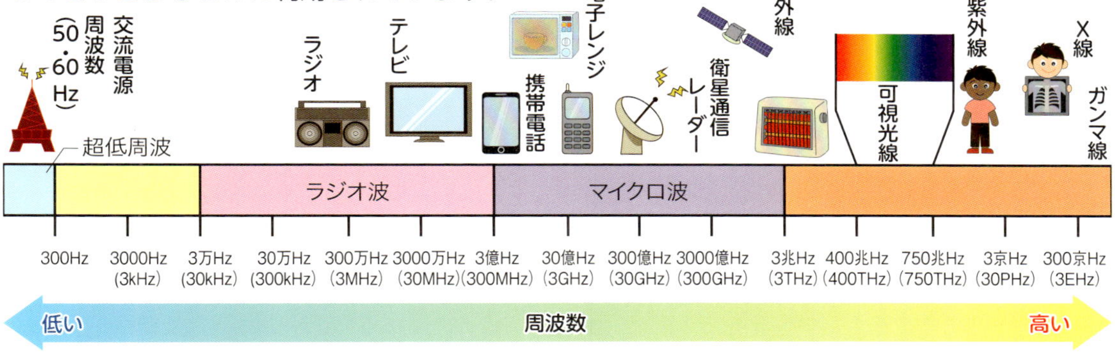

音の大きさを表す単位

音の高さを表す単位がヘルツ【Hz】だとすると、音の大きさを表すにはデシベル【dB】という単位が使われます。この単位名は、電話の発明者ベルにちなむ単位のベル【B】に10分の1（デシ）がついたものです。

音は、空気の振動として伝わり、空気がふるえて鼓膜を押す力の強さ（音圧）が、音の大きさのちがいとなります。音圧2×10^{-5}パスカル【Pa】（1平方メートル【m^2】あたり2×10^{-5}ニュートン【N】）の音が、ヒトの耳に感じる最小の音です。それを0デシベルとして、音圧が10倍になったときに、dBは20ずつ大きくなります。つまり、音圧が2×10^{-4}Paで20dB、2×10^{-3}Paで40dB…となり、2Paでは100dBとなります。ただし、ヒトが感じる音の大きさは、個人差もあれば、周波数（音の高さ）によっても変わります。基本的には周波数の低い音ほど音圧が大きくないと聞こえにくく、周波数の高い音は音圧が小さくても大きく聞こえます。

音の大きさは、騒音計ではかる。音源からはなれるほど音の大きさは小さくなる。2メートル【m】はなれて聞くセミの声は、およそ70dB。

静か	ふつう	非常に大きい
30dB	40dB	60dB
ささやき声など	図書館の中など	洗濯機・掃除機（1m）
うるさい	**きわめてうるさい**	**聴覚に異常をきたす**
70dB	90dB	120dB
にぎやかな街中	イヌの鳴き声（5m）	飛行機のエンジン近く

光の明るさを表す単位

【cd】カンデラ

カンデラ【cd】は、国際単位系（SI）で定められた光の明るさ（光度）を表す単位です。光っているもの（光源）からどれだけ光が出ているかを示します。カンデラとは、ラテン語で「ろうそく」という意味で、直径約2センチメートル【cm】のろうそく1本の明るさが1cdにあたります。

もともと日本で使われていた燭（しょく）（または燭光（しょっこう））という単位も、イギリスで使われていた明るさの単位、キャンドルパワー【cp】を取り入れたもので、ろうそく1本の明るさを表しました。

現在の国際単位系では、「cdは、周波数540×10^{12}ヘルツ【Hz】（波長555ナノメートル【nm】）の単色放射を放出し、所定の方向におけるその放射強度が1/683ワット毎ステラジアン【W/sr】（683lm/W）である光源の、その方向における光度である」と定められています。

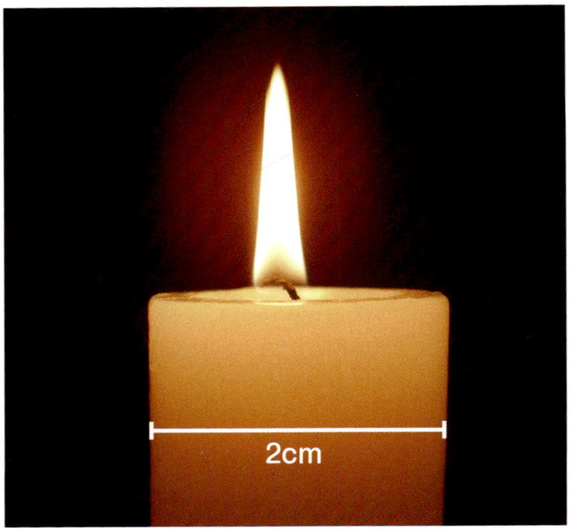

直径約2cmのろうそく1本の明るさが1cdにあたる。

高知県東部海岸にある室戸岬灯台が、日本で一番光度が高い灯台で、光度160万cd。約49キロメートル【km】先まで光がとどく。

【lm】ルーメン

ルーメン【lm】は、光束といってある範囲をある時間内に通過する光のエネルギーを表した単位です。ラテン語のルーメン（あかり）から名がつきました。1cdの光源が、立体角1ステラジアン【sr】（→38ページ）内に放つ光束が1lmです。立体角が同じであれば、光源からの距離にかかわらず光束や光度は変わりません。

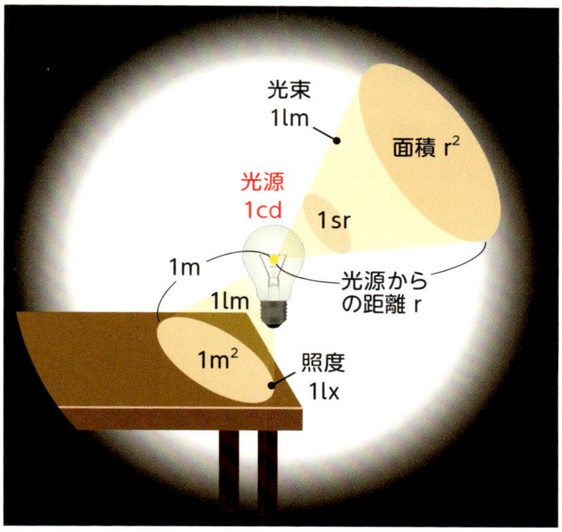

光度【cd】と光束【lm】、照度【lx】の関係

【lx】ルクス

ルクス【lx】は、光源によって照らされている場所の明るさ（照度）を表す単位です。ラテン語のルシス（光）から名がつきました。

1 lxは、1平方メートル【m^2】の平面に1lmの光が入射したときの明るさで、1cdの光源から1メートル【m】離れた場所を照らしたぐらいです。光源から出た光は、広がりながら進みます。光が照らす面積は光源から離れるほど広くなるため、照度（ルクス）は光源から近いほど大きく（明るく）、遠いほど小さく（暗く）なります。

晴れた日の日なたが約10万 lx、日かげで約1万 lx、街灯のある夜道で100lx、家の中はおよそ300lxといわれる。

ヒトの感覚をもとにした単位!?

明るさの単位カンデラ【cd】は、国際単位系の中で唯一、感覚量といって、何人ものヒトが観測した平均的な数値（標準観測者）をもとに決められています。というのも、ヒトが観察する明るさと、センサーなどの器械で観察する明るさがちがうためです。また、ヒトが感じる明るさは、個人差や気分、昼と夜でも感じ方がちがいます。明るい中では、同じエネルギーをもった可視光線の中でも、波長（→20,104ページ）の中間域である緑や黄の光を明るく感じ、赤などの長波長側と青や紫などの短波長側を暗く感じます。現在、明るさの単位は、波長555nmの黄緑色の光の明るさ感を基準に国際的に決められています。

ヒトは、明るい場所と暗い場所でも色による明るさの感じ方がちがい、暗い中では短波長の青い光の方が明るく見える。

コンピューターの世界で使われる画像の単位

関係のある単位
長さ in → 23ページ

【dpi】ディーピーアイ

ディーピーアイ【dpi】は、デジタル画像のきめ細かさを表す単位で、解像度ともよばれます。デジタル画像は、たくさんの点が集まって、1つの画像になります。つまり、点が少ないほど画像はあらく、点が多いほどきめ細かい画像になります。

dpiは"dot per inch"の略で、長さ1インチ【in】(→23ページ) あたりに何個のドット(点) があるかを表しています。また、画面上の最小単位をピクセル (画素) とよぶため、ピーピーアイ【ppi】("pixel per inch"の略) ともよばれます。

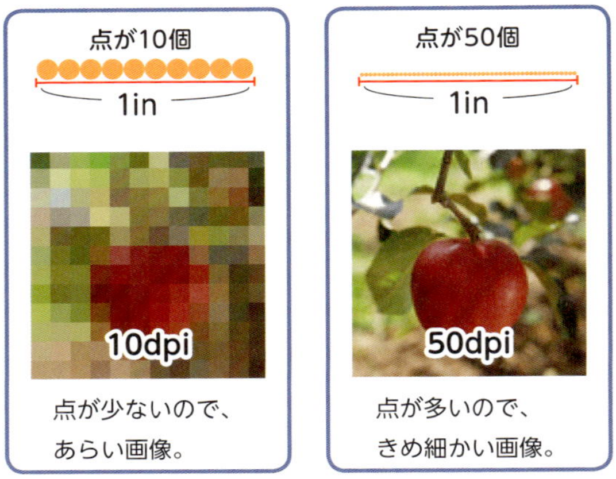

解像度と画素数の関係

パソコンなどの画面にうつした画像の細かく分けた点を画素 (ピクセル) といいます。1画素に1つの色がつき、それが組み合わさって1つの画像になります。1つの画像をつくる画素の数を、画素数といい、横200、縦100の画素の画像は、縦と横の画素をかけた2万画素です。この画素数を変えずに画像を小さくすると、画面一区画あたりの画素数が増えて解像度は高くなり、画像を大きくすると一区画あたりの画素数は減って解像度は低くなります。

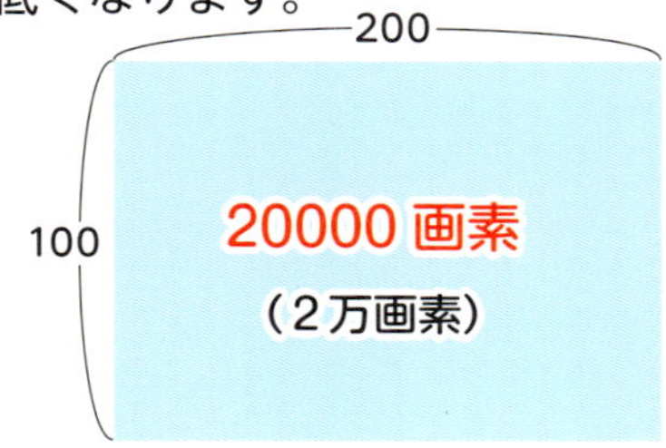

画素数を変えずに画像の大きさを小さくすると、解像度が高くなる。
30000 画素
画素数を変えずに画像の大きさを大きくすると、解像度が低くなる。

情報の量を表す単位

【B】バイト

バイト【B】は、コンピューターの世界の情報量を表す単位です。コンピューターは0と1の数字の組み合わせ（二進法）でいろいろな情報を表します。この0か1のどちらかは、コンピューターが扱う最小の情報となり、この最小の情報をビット【b】（二進数字"binary（バイナリー） digit（ディジット）"の略）という単位で表します。8bで1Bになります。

文字1マスの半分を使う（半角）
「a」の文字は、1B（8bit）で表す。

1bit → | 0 | 1 | 1 | 0 | 0 | 0 | 0 | 1 |

8けた＝8bit

文字1マスをまるごと使う（全角）
「あ」の文字は、2B（16bit）で表す。

| 0 | 0 | 0 | 0 | 0 | 1 | 0 | 0 | 0 | 0 | 0 | 0 | 0 | 0 | 1 | 0 |

16けた＝16bit

二進法と十六進法

わたしたちは、ふだん0～9の数字を使い、10になると位があがる十進法を使っています。コンピューターなどは、0と1だけを使い、2になると位があがる二進法を使います。電気で動くコンピューターは、オフの0とオンの1だけで表す二進法が都合が良いのです。また、コンピューターのプログラムをつくるときなどは、0～9、A（10）、B（11）、C（12）、D（13）、E（14）、F（15）として、数字と文字を使った十六進法も使われます。

十進法と二進法と十六進法

十進法	二進法	十六進法
0	0	0
1	1	1
2	10	2
3	11	3
4	100	4
5	101	5
6	110	6
7	111	7
8	1000	8
9	1001	9
10	1010	A
⋮	⋮	⋮
100	1100100	64
⋮	⋮	⋮
1000	1111101000	3E8
⋮	⋮	⋮

片手で31を数える!?

ふつう指折りでものを数える場合、片手で5、両手で10、足を使っても20までしか数えられません。しかし、指を折った状態が0、指を伸ばした状態が1として、二進法を使えば、片手で31まで数えることができます。

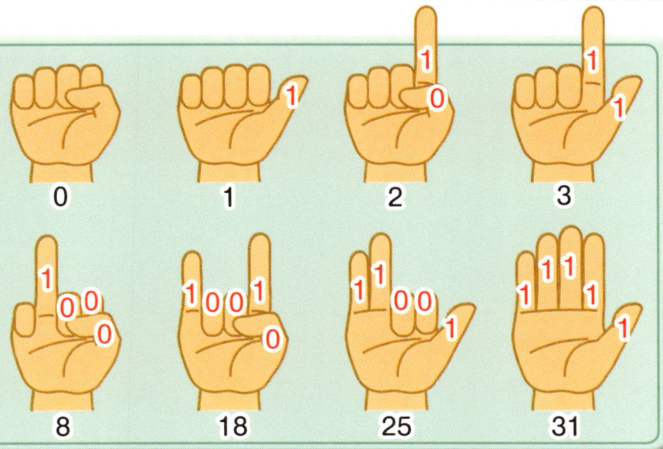

パソコンのキーボードの記号

パソコンのキーボードには、平仮名やアルファベットだけでなく、さまざまな記号が書かれています。主な記号の名前を紹介します。

グレーターザン　ピリオド　クエスチョンマーク　スラッシュ　アンダーバー　バックスラッシュ

インターネットの記号

インターネット上にある画像や文章などの情報の場所を示す、つまりネット上の住所がURLです。"Uniform Resource Locator"の略で、ウェブサイトにアクセスするのに必要な記号です。通信プロトコル（コンピューター間でデータをやりとりするために決められた手順）、ホスト名、ドメイン（所属団体や国）の順に書いてあります。

http://www.seibundo-shinkosha.net/

- http:// … プロトコル
- www. … ホスト名
- seibundo-shinkosha.net/ … ドメイン名
  - seibundo-shinkosha … セカンドレベルドメイン
  - net … トップレベルドメイン

プロトコル

データをやりとりするための手順を決めたもの。ウェブサイトなどに使われるHTTP以外に、暗号化されているHTTPSや、ファイル転送に用いるFTP、メール転送に用いるSMTPといったプロトコルがある。

ホスト名

ネットワークを通じて送られてくる要求に対し、相手にその結果を提供するコンピューター（サーバー）の名前。ホスト名は自由につけられるが、意味を持たせることが多く、www（world wide webの略）であれば世界中のサーバーで公開されている情報を見ることができるしくみを表している。

ドメイン名

インターネット上の場所を示すのがドメイン名で、世界で１つしか存在しない。インターネットに接続するネットワークの組織名（所属する国など）を示す。後ろから、トップレベル、セカンドレベル、サードレベル……とピリオドで区切って並べる。

主な国記号

ドメイン名	国名
.jp	日本
.uk	イギリス
.it	イタリア
.cn	中国
.br	ブラジル
.ca	カナダ
.ch	スイス
.fr	フランス

主な所属組織記号

ドメイン名	所属組織
.ac	大学などの教育機関
.ad	ネットワーク管理組織
.co	企業
.ed	中学、高校などの学校
.go	政府機関
.mil	アメリカ軍の機関
.ne	ネットワークサービスを行うところ
.com	主に企業

コラム 気分を伝える顔文字

さまざまな記号を組み合わせて、人の笑顔や泣き顔など、さまざまな表情や感情を表わすのが顔文字です。電子メールやSNSなどで、言葉だけでは伝わらない微妙な気持ちを伝える手段として使われます。海外では、横倒しの顔文字が使われます。

笑顔

(^_^) ニコニコ

(*^_^) ニコニコ

(^▽^)/ 上機嫌

泣き顔

(T_T) エーン

(ノ_-、) しくしく

。゜・(>Д<)・゜。 ウワーン

人の顔だけじゃない!? 顔文字

顔文字には、人の顔だけでなく、イヌやネコなどさまざまな生き物やキャラクターがあります。また、動きを表す顔文字もあります。パソコンで「きごう」と打って変換すれば、さまざまな記号が出てきますので、独自の顔文字もつくれるでしょう。

U^ェ^U イヌ

(V)o¥o(V) 怪獣

≧[゜∀゜]≦ カニ

(n_n) ノシ バイバイ

(*^_^)o/‾‾‾‾‾‾‾‾‾~ >゜)))) 彡 魚釣り

怒る ➡	(`へ´#) ムカムカ	(`□´)/ こらっ!	(`ε´) ブーブー	驚く ➡	(@_@;) びっくり
(゜Д゜) ええっ!?	照れる ➡	(/// ∇ ///) 顔真っ赤	(*´ェ`*) ポッ	その他 ➡	(̄ー ̄) ニヤリ
(・_・)(・_・) キョロキョロ	φ(・_・) メモする	(^-^)_旦~~ お茶どうぞ	(^人^) お願い!	m(_ _)m ごめんね	(´・ω・`) しょぼん

海外 ➡	:-) にっこり	:-D 笑顔	;-) ウインク	:-(悲しい	:-< 不機嫌
8^(悲しい	:-o 驚き	:-P あっかんべー	:-@ 叫ぶ	:,-(泣く	¦-0 あくび

第7章

気象と天文にかかわる記号と単位

気温や気圧をふくめた地球の大気の状態や、雲や雨、風や雷など大気中でおこる現象すべてが気象です。さらに空高く、宇宙の天体におこる現象を天文といいます。この章では、気象や天文に関係する単位や記号を紹介します。

天気予報で見られる記号

天気図にのる記号

テレビや新聞などの天気予報には、天気図が出てきます。天気図を見ると、気圧（→120ページ）の差や前線（温度や湿度のちがう空気がぶつかって雨がふりやすい部分）などが、記号や線で示してあります。

地上実況天気図

1日7回（3、6、9、12、15、18、21時）観測されたデータを元に作成された天気図。実況天気図には、等圧線、高気圧と低気圧の位置・中心気圧、前線、台風などが書かれる。

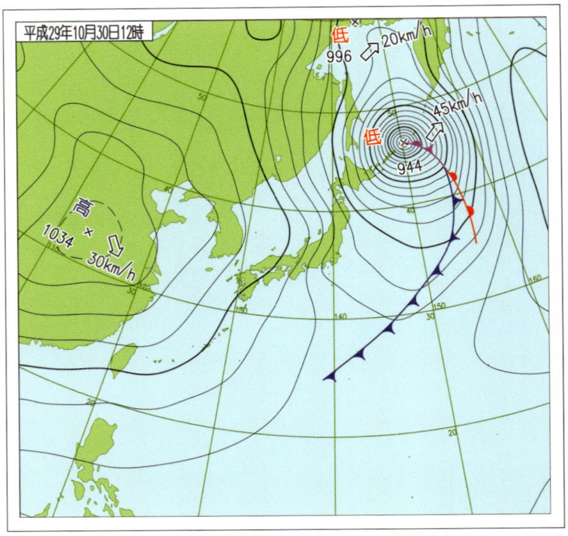

（気象庁ホームページより）

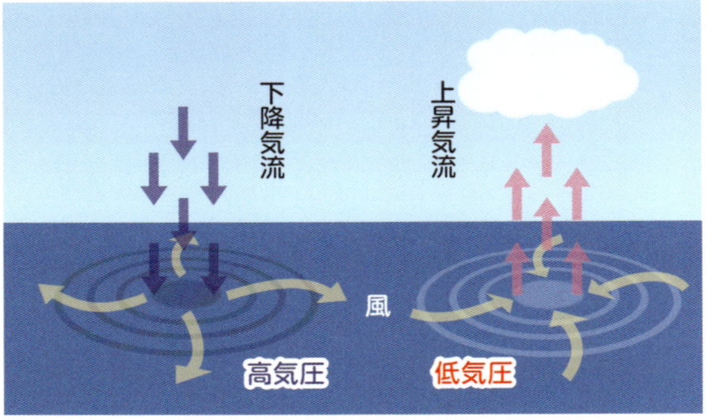

高 高気圧

周囲より気圧の高いところ。もっとも気圧の高いところを高気圧の中心といい、下降気流がおこり、まわりへ風がふき出す。

低 低気圧

周囲より気圧の低いところ。もっとも気圧の低いところを低気圧の中心といい、上昇気流がおこり、まわりから風がふきこむ。

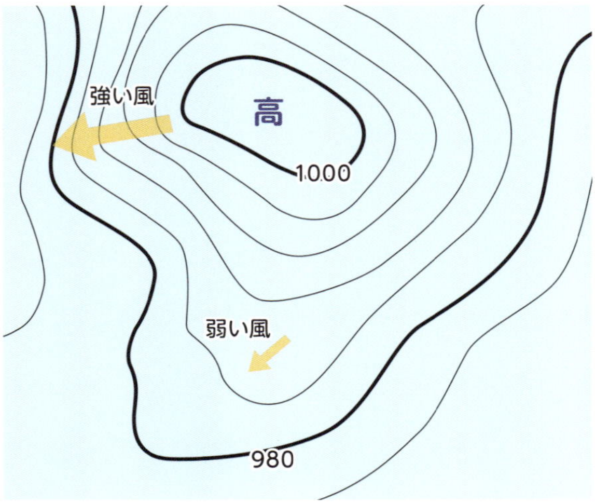

等圧線

同じ気圧のところを線で結んだもの。1,000ヘクトパスカル【hPa】（→120ページ）の線を太線にして、4hPaごとに細い線を引き、20hPaごとに太線にする。線と線の間がせまいところほど風が強い。また、風は等圧線に対して垂直方向にふくのではなく、地球の自転で地球表面にはたらく力（コリオリの力）によって、北半球では進行方向に向かって右側に少し傾いてふくことになる。

前線を表す記号

暖かい空気と冷たい空気など、温度や湿度がちがう空気がぶつかるところを前線という。大気の状態が不安定になり、雲ができて雨が降りやすい。とくに寒冷前線は激しい雨や雷をもたらす。梅雨前線と秋雨前線は、停滞前線の一種で、長雨が続くのが特徴。

寒冷前線

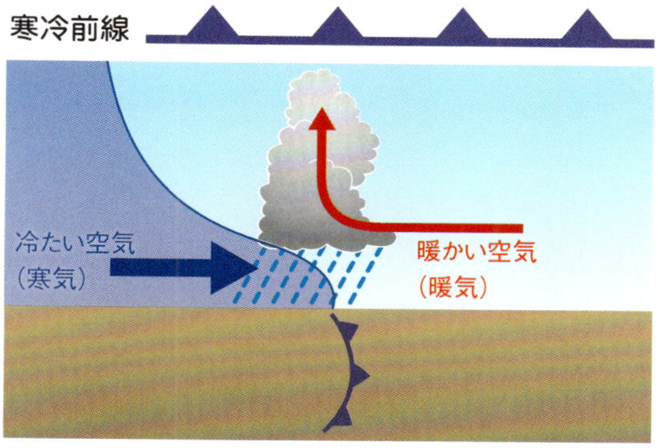

寒気が暖気をおし上げるように進む。寒冷前線の通過中は短期間に激しい雨が降り、通過後は気温が下がる。

温暖前線

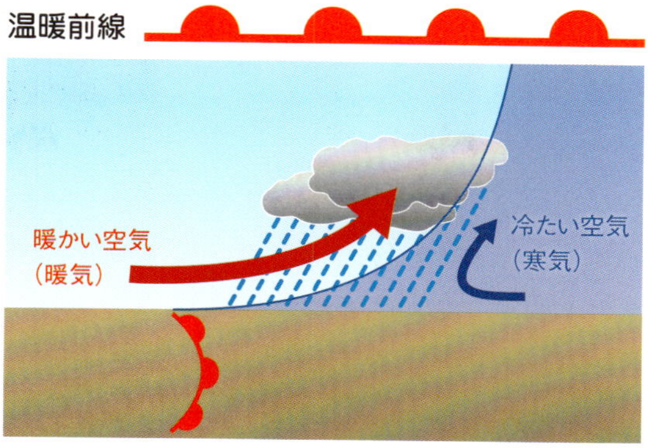

暖気が寒気を押しもどすように進む。温暖前線が通過する前から広い範囲で長く雨が降り、通過後は気温が上がる。

停滞前線

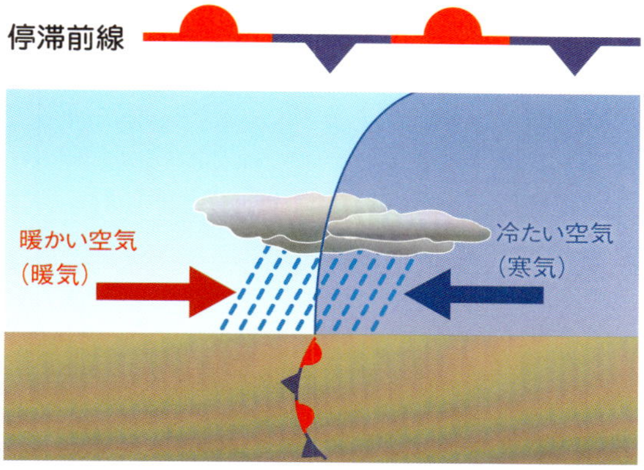

寒気と暖気がぶつかって動かなくなる。おもに前線の北側に広がる層状の雲がほとんど動かずに、悪い天気が長く続く。梅雨前線や秋雨前線がこれにあたる。

閉塞前線

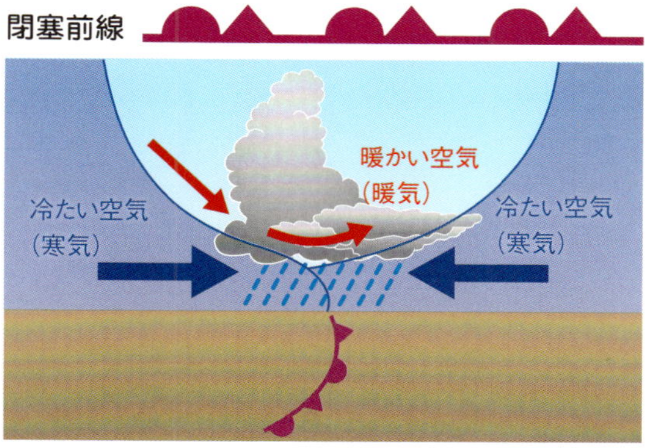

寒冷前線が温暖前線に追いつき、2つの前線が重なる。追いついた空気がより冷たい場合、上空に積乱雲が発達しやすく強風で激しい雨が降る。次第に低気圧からはなれて消える。

いつをさすの？

ふつう、夕方というと、16 ～ 17時ぐらいと感じる人が多いでしょう。しかし、天気予報で夕方というときには15 ～ 18時をさします。天気予報では、時間の範囲をはっきり伝えるため、時間をさす言葉には決まりがあります。よく似た言葉でも、ある時間の4分の1より短い時間続くのが「一時（いち）」、ある時間内にとぎれとぎれに2分の1より短い時間続くのが「時々」と、定義されています。

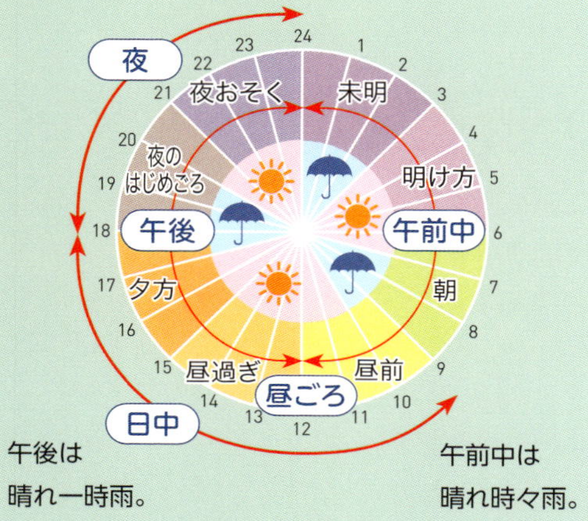

天気を表す記号

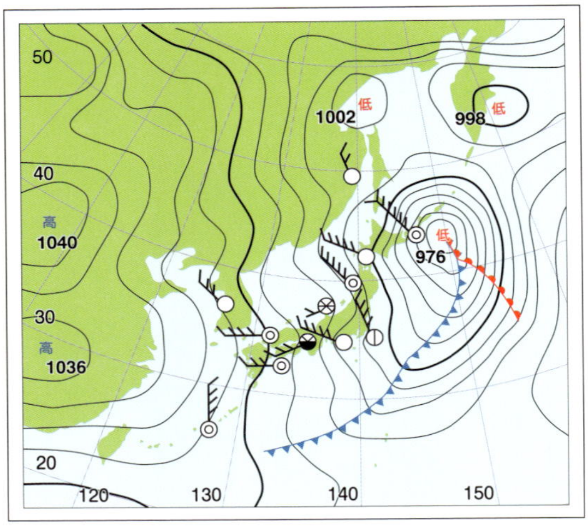

天気記号（日本式）

ある地点の天気を表すのに使うのが、天気記号です。ふだん見る天気予報などでは、一目でわかるように太陽や傘、雲のマークを使って、天気を表します。しかし、正式な天気図には次のような記号が使われます。ここでは代表的なものを解説します。

曇り

雲量が9以上で、中層雲※・下層雲が最も多いとき。

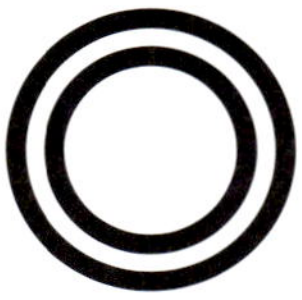

快晴

雲量が1以下のとき。円で、全天に雲がほとんどないことを示す。

薄曇り

雲量が9以上で、巻雲・巻積雲・巻層雲といった上層雲が最も多いとき。

晴れ

雲量が2以上8以下のとき。

煙霧

煙、ちり、黄砂などで視程（見える距離）が1km未満のとき。

晴れや曇りは人が決める

空の全体を10として、雲が空全体の1割以下なら快晴、2～8割なら晴れ、空の9割以上を雲がおおうと曇りになります。この空全体にしめる雲の量を雲量といい、各地の気象台の人が判定していて、予報でも、雲量を予測して晴れや曇りを出しています。また、最近では魚眼レンズで全天を撮影し、画像情報をコンピュータで処理して、雲の有無を判定する方法も研究されています。

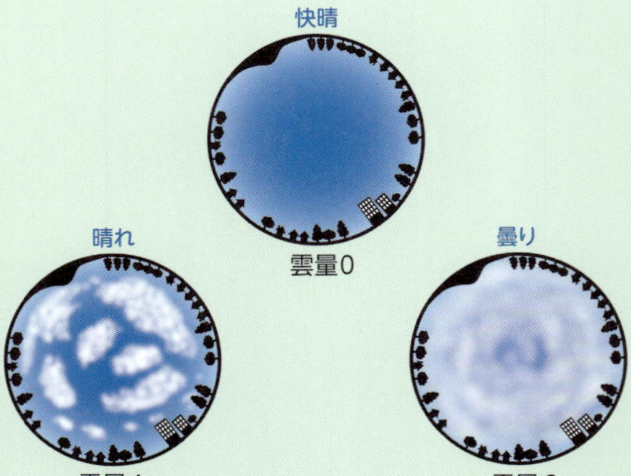

※：雲は出現する高さによって、上層雲・中層雲・下層雲に分けられる。このほか、積乱雲のように高く発達した対流雲がある。

砂じん嵐

砂ぼこりが舞って、視程が1km未満のとき。

地吹雪

積もった雪が強風で舞い上がり、視程が1km未満になっている状態。

霧

空気中にこまかな水滴や氷の粒が漂って、視程が1km未満になっている状態。

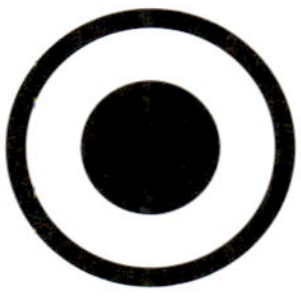

みぞれ

雨と雪が混ざって降る状態。記号も、雨と雪が半分ずつになっている。

雨

雨が降っている状態。

雪

雪が降っている状態。雪の結晶のような記号。

霧雨

雨粒の直径が0.5mm未満の、霧のような細かな雨。雨の記号の右下に「キ」をつける。

雪強し

強い雪には、雪の記号の右下に「ツ」をつける。

雨強し

強い雨には、雨の記号の右下にカタカナの「ツ」をつける。

にわか雪

突然、激しく降ってくる雪。にわか雪には、雪の記号の右下に「ニ」をつける。

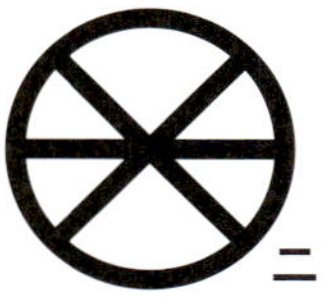

にわか雨

突然、ざあっと短時間降る雨。にわか雨には、雨の記号の右下に「ニ」をつける。

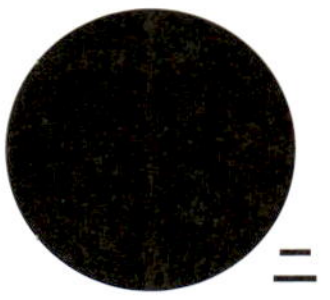

あられ

小さめの氷の粒（あられ）が降っている状態。あられは、直径が5mm未満の氷の粒。

雷

雷が光ったり鳴ったりしている状態。観測時間の前10分間に雷があったとき。

ひょう

大きな氷の粒（ひょう）が降っている状態。ひょうは、直径5mm以上の氷の粒。

雷強し

観測時間の前10分間に、地上へ落雷する激しい雷があった場合。雷の記号に「ツ」をつける。

天気不明

観測できなかったり、天気の状態がよくわからなかったりする場合。

天気を表す記号

風向・風速の記号

天気図の天気の記号は、風向と風速を示す記号といっしょに書かれています。天気記号から飛びだすように書かれている線がそれで、矢羽根が風を表す記号です。矢羽根の向きで風向を、羽根の数で風力や風速を示しています。

記号の向きは、風の吹いている方向と矢の飛んでいく方向が同じになっています。例えば、北から南に向かってふく北風の場合、矢の先端が南を向き、羽根は北を向きます。風向は16方位で示し、羽根の数が多くなるほど風が強いことを表します。

矢羽根は、矢を真っ直ぐ飛ばすために、矢の後方につけられた羽根。

風向

風が吹いてくる方向は、16方位で示す。

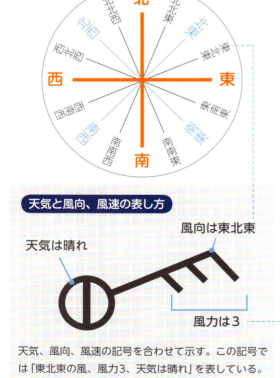

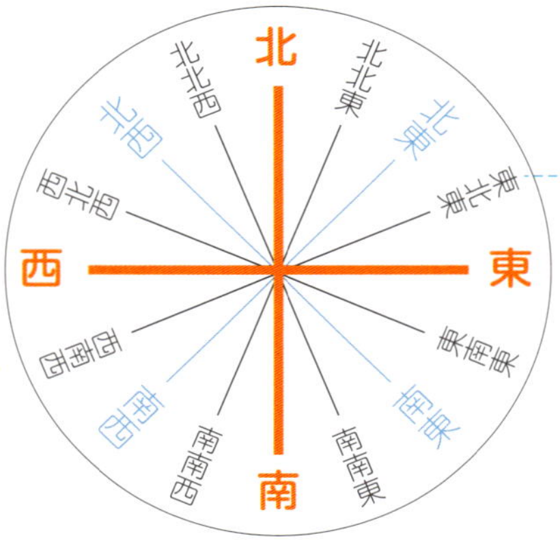

天気と風向、風速の表し方

天気、風向、風速の記号を合わせて示す。この記号では「東北東の風、風力3、天気は晴れ」を表している。

風の強さ（風力）

風力は、0～12の13段階に分けて表す。気象庁が使っている風力階級は、世界的に使われている「ビューフォート風力階級」をもとにしている。

風力	記号	状態	風速(m/s)
0		無風。煙がまっすぐにのぼる。	0.3未満
1		煙が少しなびく。	0.3以上 1.6未満
2		顔に風を感じる。木の葉が動く。	1.6以上 3.4未満
3		軽い旗が開く。小枝がたえず動く。	3.4以上 5.5未満
4		砂ぼこりが立つ。紙片が舞い上がる。	5.5以上 8.0未満
5		葉のある低い木が揺れ始める。池の水面に波が立つ。	8.0以上 10.8未満
6		大きな枝が動く。電線が鳴る。傘をさして歩きにくい。	10.8以上 13.9未満
7		木全体が揺れる。風に向かって歩きにくい。	13.9以上 17.2未満
8		小枝が折れる。風に向かって歩くのは難しい。	17.2以上 20.8未満
9		瓦がはがれる。煙突が倒れる。	20.8以上 24.5未満
10		木が根元から折れる。人家が損害を受ける。	24.5以上 28.5未満
11		広範囲に破壊が起こる。	28.5以上 32.7未満
12		極めて大きな被害が出る。	32.7以上

天気記号（国際式）

気象庁のウェブサイトで見ることができる天気図に、「アジア太平洋域の天気図」があります。日本周辺の天気図より広い範囲で書かれているので、船や飛行機の運行計画などをつくるのに利用されます。こうした天気図には世界共通の国際式の記号で書かれています。国際式の天気記号は、より天気の状態を細かく知ることができるようになっています。

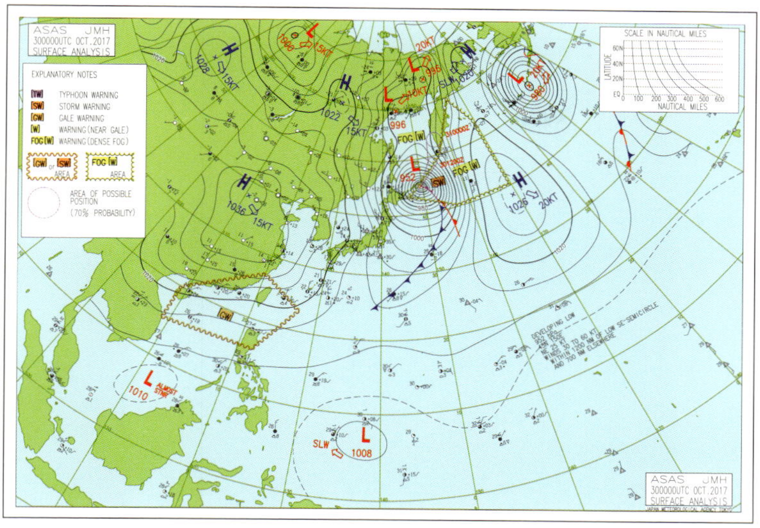

（気象庁ホームページより）
アジア太平洋域の実況天気図

国際式天気記号

矢羽根の形のちがいで風速を表し、丸の中は天気ではなく雲量を示す。記号の周囲に、雲の種類、気圧の変化傾向など、さまざまな情報が書きこまれる。

風の記号

風向は36方位で表し、10°ずつに区切って、北を36（360°）として、時計回りに01、02、…とする（東：09、南：18、西:27）。風の強さは、風速の単位ノット【kt】（→78ページ）で、5kt毎に（2捨3入）表す。短矢羽根は5kt、長矢羽根は10kt、旗矢羽根は50ktを表す。

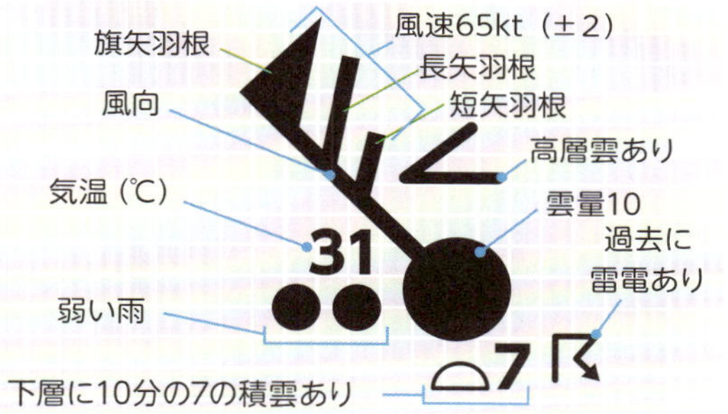

上の記号は「320°の方向からふく風、風速65ノット、気温31℃、全天の雲量10分の10、弱い雨、高層雲あり、下層に10分の7の積雲あり、過去に雷電あり」を表す。

国際式天気記号の雲量と雲形の記号

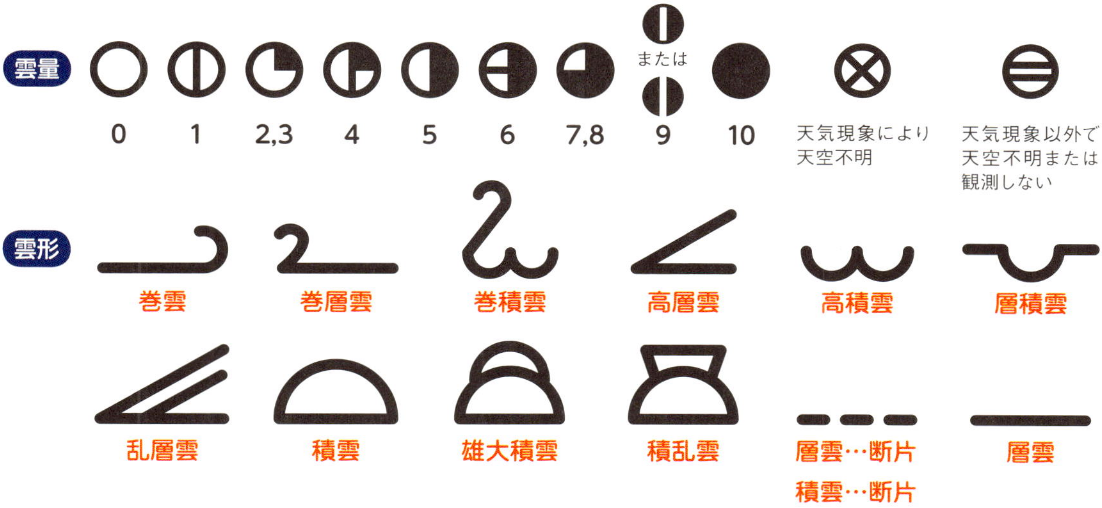

気圧など圧力を表す単位

【hPa】ヘクトパスカル

ヘクトパスカル【hPa】は、国際的に認められた圧力の単位のパスカル【Pa】に、100倍を表す接頭辞ヘクト（h）がついた単位です。天気予報で台風の気圧などを示すのに使われます。1Paは、1平方メートル【m^2】の面積全体に1ニュートン【N】（→54ページ）、つまり約100グラム【g】の重さのものをのせたときに垂直にかかる力です（1Pa=N/m^2）。

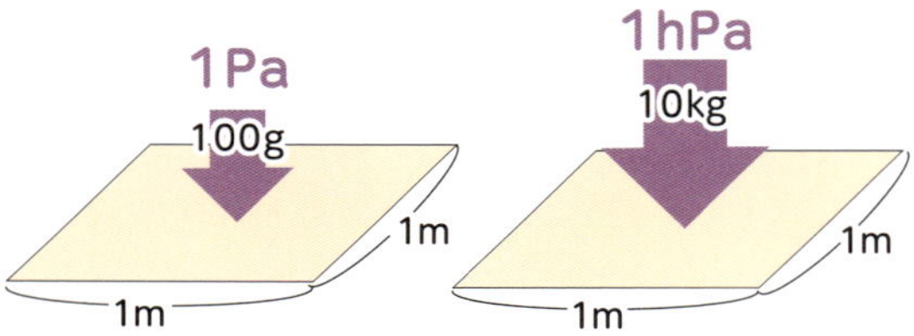

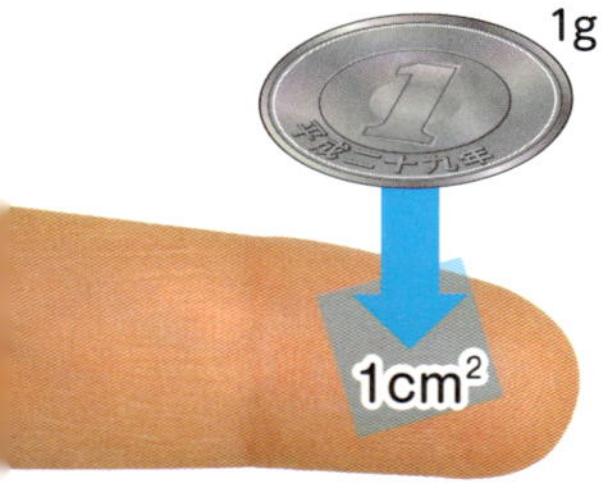

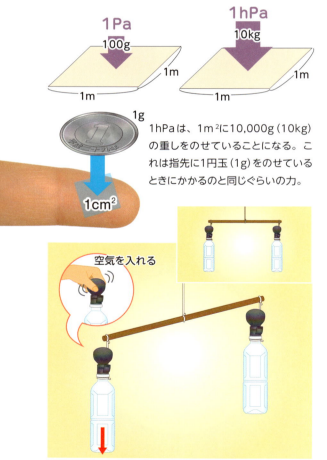

1hPaは、1m²に10,000g（10kg）の重しをのせていることになる。これは指先に1円玉（1g）をのせているときにかかるのと同じぐらいの力。

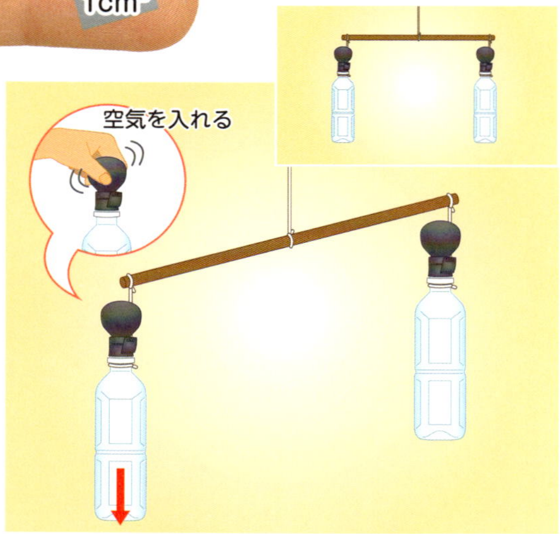

空気を入れるポンプ付きのふたをしたペットボトルを2つ用意し、天秤でつり合わせる。片方だけにポンプで空気を入れると、空気の分だけペットボトルが重くなる。

2013年9月に発生した台風19号（うさぎ）。画像が撮影された9月20日には、中心気圧910hPa、最大風速55m/s（105ノット以上）、暴風域半径170kmの大型で猛烈な台風となった。

空気の圧力「大気圧」

空気にも質量があり、地球の重力によって重さが発生します。空気はつねに地面に押しつけられていて、わたしたちも常に空気から押される力（圧力）をうけています。この力が気圧（大気圧）で、地上（海面0m）でうける力を標準気圧としています。標準気圧は、1013.25hPaで、1cm^2に約1kgの重さがかかるのと同じぐらいの力です。

また、この標準気圧が1気圧【atm】で、水銀（Hg）を高さ760mm（76cm）までおし上げるため、760ミリメートル水銀柱【mmHg】と表すこともあります。

mmHgは、国際単位系ではないが、血圧や眼圧など、人体内部の圧力の計測に使われることが多い。

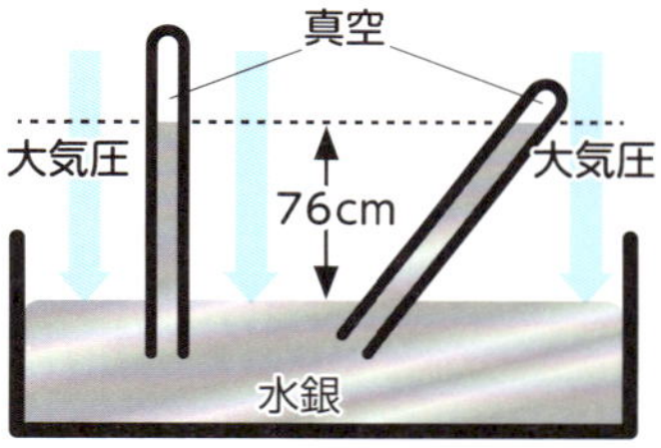

水の中でかかる圧力「水圧」

空気の重さによって大気圧がかかるように、水中では水の重さによって水に押される力がかかります。これを水圧といい、気圧と同じようにPa、またはN/m^2という単位で表します。

ビニール袋に手を入れて、袋ごと手を水につけると、袋が手にまとわりつくのも、水圧によって押しつけられるためです。こうした水圧や気圧は、ある物体のすべての面に垂直にはたらきます。

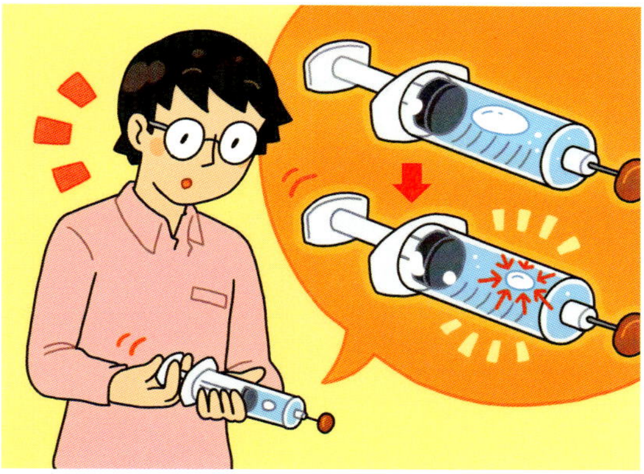

閉じこめられた液体や気体の一部に圧力を加えると、その圧力の増加分は、液体や気体のすべての方向に伝わる。気泡の入った水を入れた注射器のピストンを押すと、気泡はそのままの形で小さくなる。

変化する気圧と水圧

気圧も水圧も、場所によって変化します。気圧は、標高が高いほど小さくなり、標高3,776mの富士山頂付近では約630hPa、世界最高峰のエベレスト（標高8,848m）山頂付近では約300hPaほどになります。

一方で、水圧は水の深さに比例して大きくなります。これは、水の重さから簡単に計算でき、$1m^2$あたりに１N（100g）の力が１Paなので、$1cm^2$あたりに水の重さ１gの力がかかるため、深さ１cmあたり100Pa（＝1hPa）の水圧がかかります。

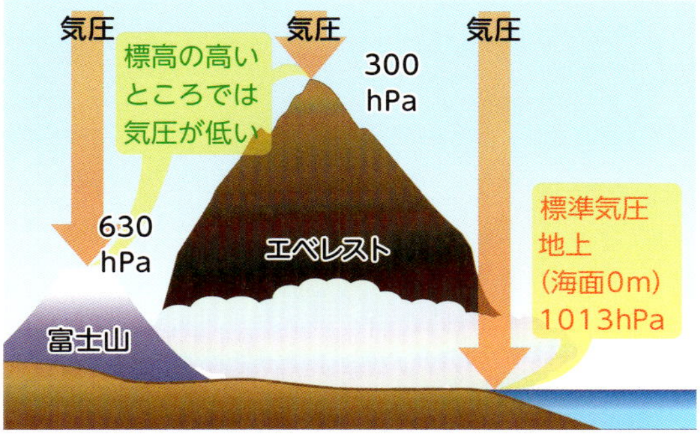

深さ10mごとに約1気圧の水圧がかかる。海水は$1cm^3$=1.03gで、深さ6500mだと$1cm^2$に約670kgの水圧がかかる。

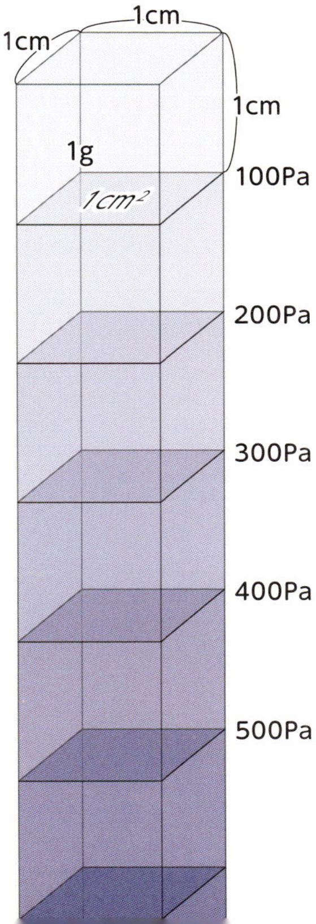

天才的科学者パスカル

ブレーズ・パスカル

パスカル【Pa】という単位の名前のもとになったのが、フランスの数学者で物理学者でもあったブレーズ・パスカルです。はじめて計算機をつくる一方、密閉容器の中の液体や気体の一部に圧力を加えると、すべての地点で同じ圧力が加わる「パスカルの原理」や、数学における「パスカルの定理」を考え出すなど、さまざまなところに名前が残っています。また、思想家としても有名で、『パンセ』という本の中で「人間は考える葦（あし）である。」という言葉を残したことでも知られています。

夜空にかがやく星を表す単位と記号

星の明るさの単位

夜空に見える星の中には、明るくかがやくものもあれば、今にも消えそうにかすかな光を放つものもあります。こうした星の明るさを表す単位が等級で、1等級の明るさの星を1等星といいます。以前は、明るさごとに６段階に分け、もっとも明るい星を１等星、次を２等星、…目で見えるもっとも暗い星を６等星としてきました。

現在は、１等星の明るさを６等星の明るさの100倍と決め、１等星より明るい星は－（マイナス）をつけて表します。こうした見た目の星の明るさで分けた等級を「実視等級」といいます。

冬によく見えるオリオン座には、ベテルギウスとリゲルという２つの１等星と、５つの２等星がある。

星の明るさ比べ

等星	−4等星	−3等星	−2等星	−1等星	0等星	1等星	2等星	3等星	4等星	5等星	6等星
明るさ	100	40	16	6.3	2.5	1	0.40	0.16	0.063	0.025	0.01

１等星の明るさを１とする。

見かけの明るさと実際の明るさ

じつは、星の明るさは、地球から星までの距離とも関係しています。明るく見える星でも、実際には遠くにあると、小さくて暗く見えます。これと反対に、近くにある星は明るく見えます。そこで、すべての星を地球から約32.6光年（10パーセク：→124ページ）の位置においたときの明るさを「絶対等級」として、実際の星同士の明るさを比べるときに使います。

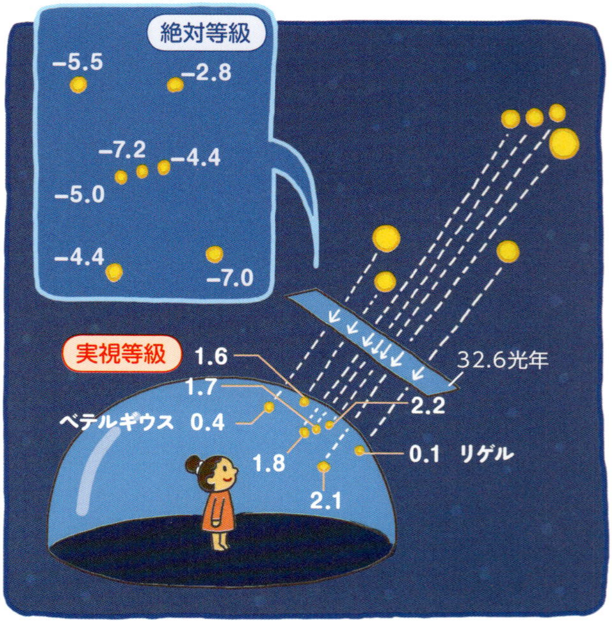

オリオン座の見かけの明るさ（実視等級）と絶対等級は大きくちがう。

星図で使われる主な記号

- 1 等星
- 2 等星
- 3 等星
- 4 等星
- 5 等星
- 6 等星
- 惑星状星雲
- 球状星団
- 散開星団
- 散光星雲
- 銀河
- 二重星
- 変光星

M メシエ天体

天文学者メシエが作成した星雲・星団の目録（メシエカタログ）にのっている天体。M 登録番号で示される。

Mel メロッテ天体

天文学者メロッテがフランクリン・アダムズ写真星図からつくった星団の目録にのっている天体。Mel 登録番号。

NGC NGC 天体

"New General Catalogue"の略。ジョン・ハーシェルがつくった星雲、星団の表をもとに天文学者ドライヤーがつくった目録にのっている天体。NGC 登録番号。

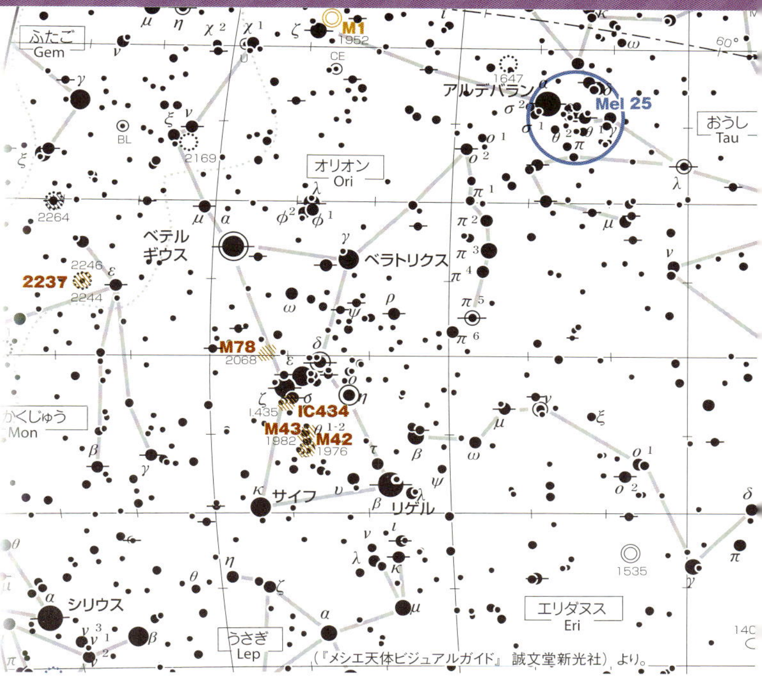

（『メシエ天体ビジュアルガイド』 誠文堂新光社）より。

星図（例） 星図は、恒星や星雲などの天球上の位置・等級などを平面的に記した図。

ほかにも星団や星雲のカタログの記号に、NGC を補完した"Index Catalogue"(IC)、トランプラーカタログ（Tr）やコリンダーカタログ（Col）などがある。

88 星座の略号

現在、夜空の88の星座すべてに略号があてられている。上の星図にも見られる。

略号	星座	略号	読み	略号	読み	略号	読み	略号	読み
And	アンドロメダ座	Cas	カシオペア座	UMi	こぐま座	Vol	とびうお座	Hyi	みずへび座
Mon	いっかくじゅう座	Dor	かじき座	LMi	こじし座	Pup	とも座	Cru	みなみじゅうじ座
Sgr	いて座	Cnc	かに座	Crt	コップ座	Mus	はえ座	PsA	みなみのうお座
Del	いるか座	Com	かみのけ座	Lyr	こと座	Cyg	はくちょう座	CrA	みなみのかんむり座
Ind	インディアン座	Cha	カメレオン座	Cir	コンパス座	Oct	はちぶんぎ座	TrA	みなみのさんかく座
Psc	うお座	Crv	からす座	Ara	さいだん座	Col	はと座	Sge	や座
Lep	うさぎ座	CrB	かんむり座	Sco	さそり座	Aps	ふうちょう座	Cap	やぎ座
Boo	うしかい座	Tuc	きょしちょう座	Tri	さんかく座	Gem	ふたご座	Lyn	やまねこ座
Hya	うみへび座	Aur	ぎょしゃ座	Leo	しし座	Peg	ペガスス座	Pyx	らしんばん座
Eri	エリダヌス座	Cam	きりん座	Nor	じょうぎ座	Ser	へび座	Dra	りゅう座
Tau	おうし座	Pav	くじゃく座	Sct	たて座	Oph	へびつかい座	Car	りゅうこつ座
CMa	おおいぬ座	Cet	くじら座	Cae	ちょうこくぐ座	Her	ヘルクレス座	CVn	りょうけん座
Lup	おおかみ座	Cep	ケフェウス座	Scl	ちょうこくしつ座	Per	ペルセウス座	Ret	レチクル座
UMa	おおぐま座	Cen	ケンタウルス座	Gru	つる座	Vel	ほ座	For	ろ座
Vir	おとめ座	Mic	けんびきょう座	Men	テーブルさん座	Tel	ぼうえんきょう座	Sex	ろくぶんぎ座
Ari	おひつじ座	CMi	こいぬ座	Lib	てんびん座	Phe	ほうおう座	Aql	わし座
Ori	オリオン座	Equ	こうま座	Lac	とかげ座	Ant	ポンプ座		
Pic	がか座	Vul	こぎつね座	Hor	とけい座	Aqr	みずがめ座		

夜空にかがやく星を表す単位と記号

バイエル符号

星座ごとに、明るい恒星から順番にギリシャ文字（小文字）でα星、β星、γ星…という名前がつけられています。シリウスであれば、おおいぬ座のα星、ベテルギウスとリゲルなら、それぞれオリオン座のα星とβ星となります。これは、17世紀の初めにドイツのヨハン・バイエルが決めた恒星の命名法です。ただし、当時は肉眼で見た明るさで判断していたため、厳密にいうと明るさ順にはなっていないものもあります。

記号	読み	記号	読み	記号	読み	記号	読み	記号	読み	記号	読み
α	アルファ	ε	イプシロン	ι	イオタ	ν	ニュー	ρ	ロー	φ	ファイ
β	ベータ	ζ	ゼータ	κ	カッパ	ξ	クサイ	σ	シグマ	χ	カイ
γ	ガンマ	η	イータ	λ	ラムダ	ο	オミクロン	τ	タウ	ψ	プサイ
δ	デルタ	θ	シータ	μ	ミュー	π	パイ	υ	ユプシロン	ω	オメガ

星までの距離を表す単位

遠くの星までの距離を表すのにつくられた単位が、天文単位【AU】（フランス語では【UA】、ドイツ語では【AE】と書かれる）です。天文単位は、太陽から地球までの距離を1とする長さの単位で、1天文単位は約1億4960万kmです。太陽系の惑星との距離などを表すときに使われます。

さらに、遠くの星までの距離を表すとき、光年【ly】という長さの単位を使います。これは、秒速約30万km（→79ページ）の光が、1年間に進む距離で、約9兆4600億kmにあたります。また、天文学ではより遠い星までの距離を表す際に、パーセク【psc】という単位も使います。1pscは、年周視差1秒角（1度の1/3600）にあたる距離で、約3.26光年または約30兆8600億kmです。

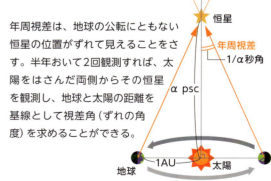

年周視差は、地球の公転にともない恒星の位置がずれて見えることをさす。半年おいて2回観測すれば、太陽をはさんだ両側からその恒星を観測し、地球と太陽の距離を基線として視差角（ずれの角度）を求めることができる。

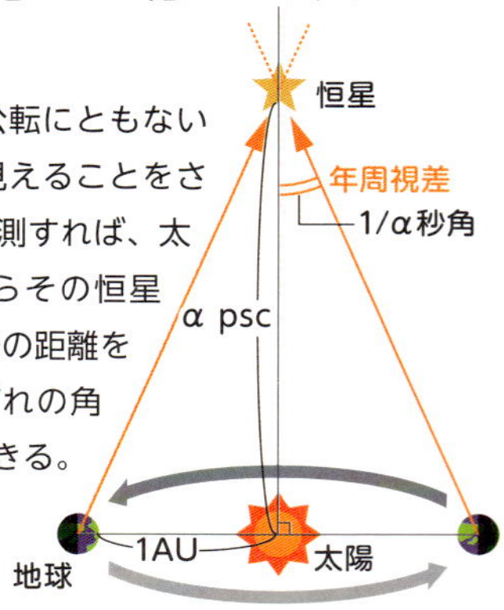

地球から太陽までの長さが1AU。上の図のように太陽系を小さくして、太陽をサッカー場の中央に、冥王星をゴールポストの上（約50m）におくと、地球はセンターラインから1.2mの位置になる。太陽の光は地球にとどくまでに約8分19秒かかるので、光の速さは、秒速2.5mmにあたり、カタツムリが進む速さとほぼ同じぐらいになる。

天文の記号

古代の人々は、夜空を眺めながら星の動きや明るさを観察し、農作業の目安にしたり、暦をつくったりしました。そして、長い歴史の中から星や星座の記号が生まれました。ただし、現在の天文学ではあまり使われない記号もたくさんあります。

太陽系は、太陽を中心に、その周りを8つの惑星（水星、金星、地球、火星、木星、土星、天王星、海王星）がめぐっています。冥王星は、以前は惑星でしたが、現在は準惑星とされています。その他、惑星の周りを回る衛星（月など）や、彗星、流星などの天体があります。

星座の記号

黄道は、地球上から見た太陽の通り道です。この通り道上にある12個の星座が、黄道12星座で、季節の変化を知るのに重要だとされてきました。

コラム 地震の規模を表す単位

【M】マグニチュード

マグニチュード【M】は、地震の震源で発生したエネルギーの大きさを表す単位で、観測された地震波の最大振幅や地震波形全体から計算されています。大きな地震でも小さな数値で表すことができるように、マグニチュードの値が1増えるごとにエネルギーの大きさは約32倍になります。ただし、マグニチュードは大きな規模の地震になるにつれ、規模の通りに数値が大きくならないことがあります。これをさけるために、モーメントマグニチュード【Mw】という単位を使うことがあります。地震は、地下の岩盤がずれることで起こりますが、モーメントマグニチュードは、この岩盤がずれた規模（ずれ動いた部分の面積×ずれた量×岩石の硬さ）をもとに計算されます。

マグニチュードと地震の大きさ

地震の大きさ	マグニチュード
微小地震	1.0～3.0
小 地 震	3.0～5.0
中 地 震	5.0～7.0
大 地 震	7.0以上
巨大地震	8.0以上

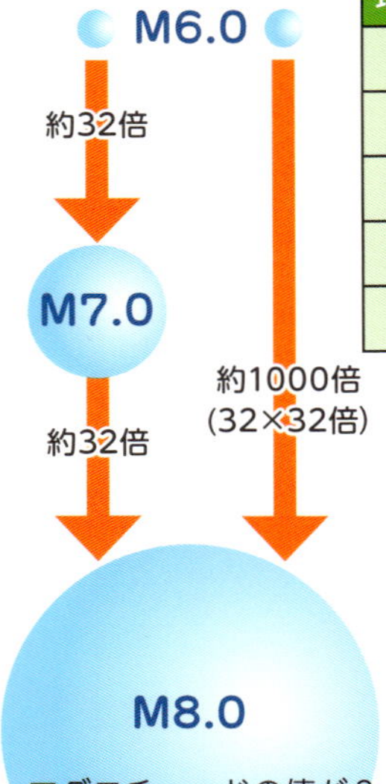

マグニチュードの値が2増えると、地震のエネルギーは約1000倍になる。

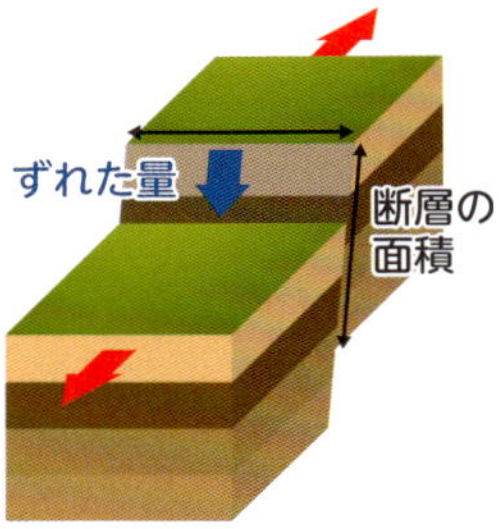

岩盤が横から受ける力でできた割れ目が断層で、地震の発生源となる。

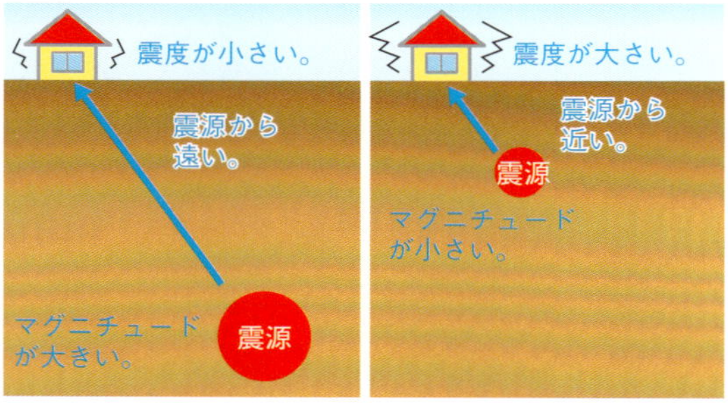

震度とマグニチュード

震度は、各地で測定された地震のゆれの大きさを表す感覚的な数値で、場所によって変わります。マグニチュードが大きくても震源から遠ければ震度が小さくなったり、マグニチュードが小さく、震源から離れていても、観測地点の地盤のかたさによっては、震度が大きくなることもあります。

震度とまわりの状況

震度	状況
0	ゆれを感じない。
1	わずかにゆれを感じる人がいる。
2	屋内で静かにしている人の大半はゆれを感じる。
3	屋内にいる人のほとんどがゆれを感じる。
4	ほとんどの人がゆれに気づき、電灯などのつり下がっているものがゆれる。
5弱	大半の人が物につかまりたいと思う。 不安定なものが倒れることがある。
5強	物につかまらないと歩くことが難しい。 固定していない家具などが倒れる。
6弱	立っていることが難しい。窓ガラスなどが割れたり、落下したりすることがある。
6強	はわないと動くことが難しい。 耐震性の低い木造建築物は傾いたり倒れたりする。
7	耐震性の低い鉄筋コンクリート造りの建物が傾いたり倒れたりする。 

第8章

元素と原子にかかわる記号と単位

H_2O CO_2 Nh Bq mSv

物質を構成する最も小さな単位を原子といい、原子の化学的性質を表すのが元素です。この章では、原子や元素に関係する記号や単位を紹介します。

元素と原子

物質をつくるもの

わたしたちの体や家、車や道路、木や水、空気など、それらはすべて原子というとても小さい粒子が集まってできています。原子は、英語で"atom"、ギリシャ語で"atomos"「分割できない」という意味の言葉からできました。その名の通り、化学変化では、原子をそれ以上分割することはできません。

物質をつくる原子をくわしく見ると、＋（正）の電荷をもつ原子核と、－（負）の電荷をもつ電子からできています。原子核は、さらに+の電荷をもつ陽子と、電荷を持たない中性子という粒子からできていて、原子核の陽子の数によって、原子の種類や性質が決まります。この原子の種類が元素です。

つまり、原子は物理的な物質をさしますが、元素は原子の化学的な性質をさす言葉です。英語で見るとわかりやすく、元素は"chemical elements"（化学的素子）といいます。

原子の構造

原子核の陽子の数を原子番号といい、陽子と中性子の数の合計がその原子の質量数となる。基本的に、陽子と中性子は同数だが、なかには中性子の数が多いものがあり、それを同位体と呼ぶ。

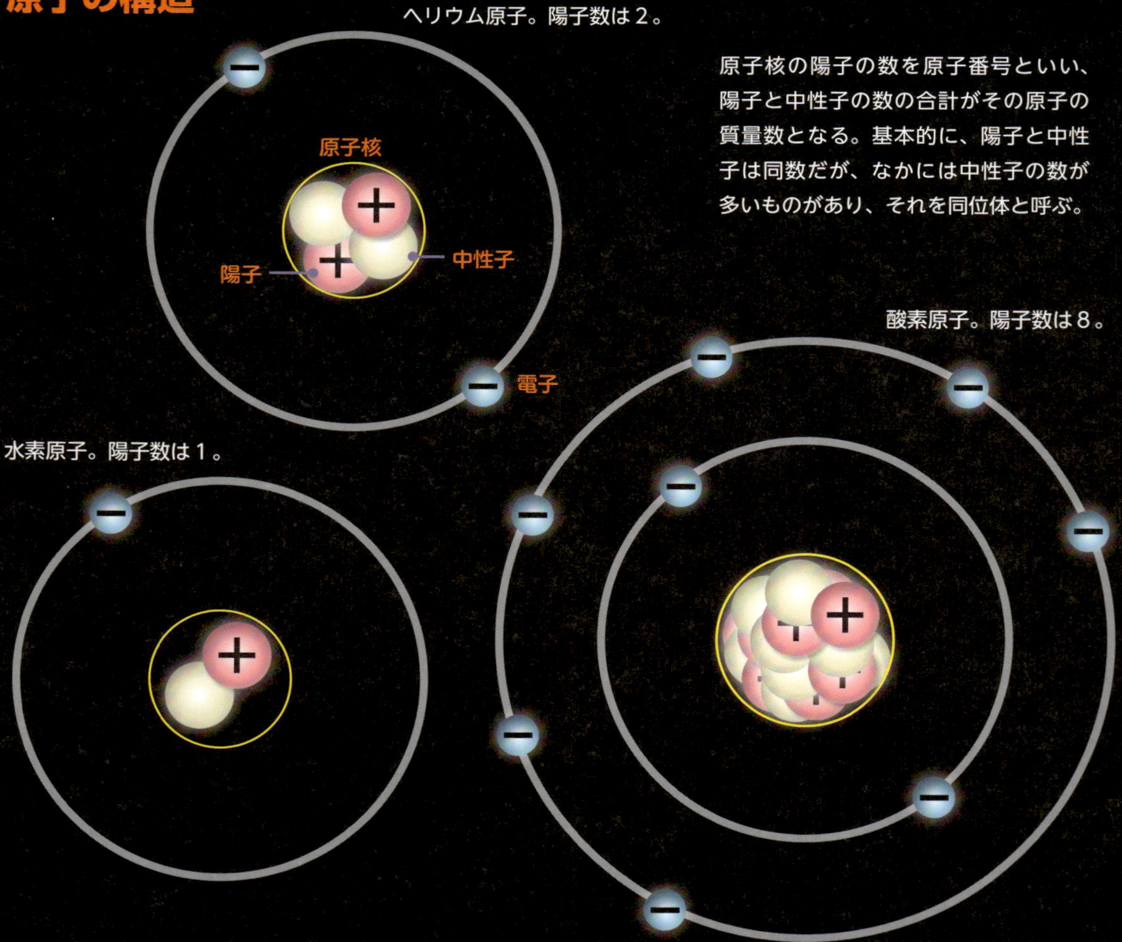

原子の大きさ

原子をつくる原子核とそのまわりを電子が動く範囲を原子の大きさだとすると、水素原子(H)の半径は10^{-10}m(=0.0000001mm=0.1nm)です。原子核は、さらに小さく10^{-15}mしかありません。

これは、原子核が直径10cmほどのボールだとすると、電子は約5kmはなれた周囲を回る砂つぶに相当します。また、水素よりかは大きな銅の原子を、直径約201mの東京ドームぐらいに大きくすると、原子核の大きさは直径約11mmのパチンコ玉ぐらいです。粒子の大きさからすると、原子の構造はすき間だらけといえます。

1nmという大きさは、1mが地球の直径(約1万3000km)だとすると、1円玉の大きさに相当する。原子はさらにその10分の1の大きさにあたる。

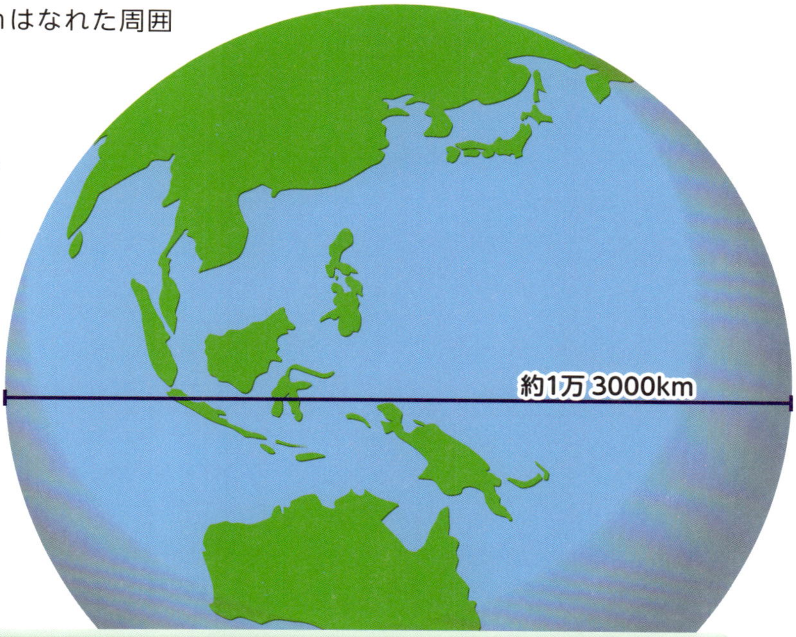

原子がもつ電子と光

ふつう、原子番号が大きいほど電子の数は多く、電子は原子核のまわりを何層にもとりまくように存在します。その電子のある層を電子殻といい、いちばん内側からK殻・L殻・M殻…とよばれます。内側ほど強く原子核に結合し、もっともエネルギーが低い状態(基底状態)です。それぞれの殻には存在する電子の数が決まっていて、エネルギーの低い内側から電子がつまっていきます。

この電子殻の内側の軌道に空きがあると、電子はエネルギーの高い状態の外側の軌道から内側に移ります。そのときに余分なエネルギーが光(電磁波)として放出されます(発光)。逆に、エネルギーを持つ光(電磁波)を与えると、電子はエネルギーの低い状態の内側の軌道から外側の軌道に移る現象もおきます。

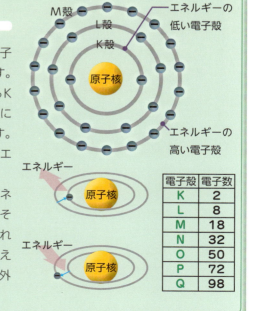

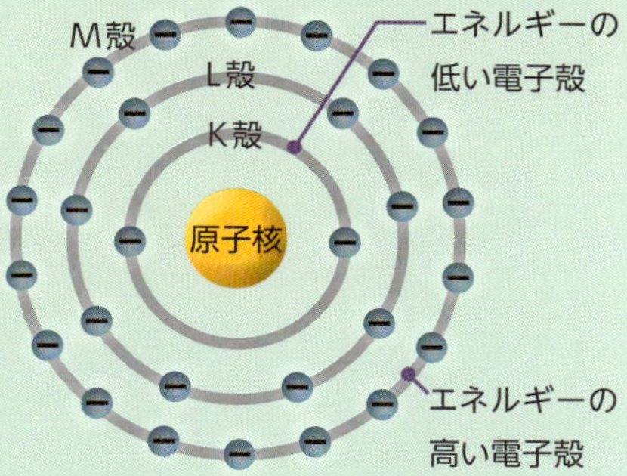

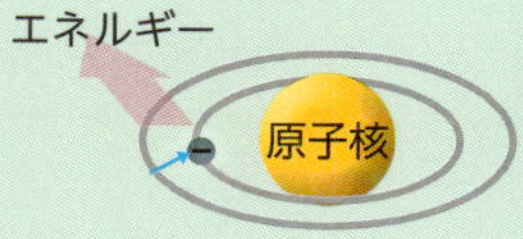

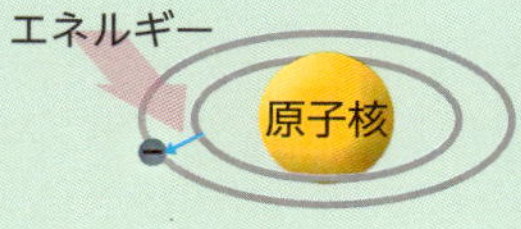

電子殻	電子数
K	2
L	8
M	18
N	32
O	50
P	72
Q	98

元素の周期表

族	1	2	3	4	5	6	7	8	9
族名／周期	アルカリ金属	アルカリ土類金属	希土類	チタン族	バナジウム族	クロム族	マンガン族	鉄族，白金族	
1	1 H 水素 1.01								
2	3 Li リチウム 6.94	4 Be ベリリウム 9.01							
3	11 Na ナトリウム 22.99	12 Mg マグネシウム 24.31							
4	19 K カリウム 39.10	20 Ca カルシウム 40.08	21 Sc スカンジウム 44.96	22 Ti チタン 47.87	23 V バナジウム 50.94	24 Cr クロム 52.00	25 Mn マンガン 54.94	26 Fe 鉄 55.85	27 Co コバルト 58.93
5	37 Rb ルビジウム 85.47	38 Sr ストロンチウム 87.62	39 Y イットリウム 88.91	40 Zr ジルコニウム 91.22	41 Nb ニオブ 92.91	42 Mo モリブデン 95.94	43 Tc テクネチウム (99)	44 Ru ルテニウム 101.1	45 Rh ロジウム 102.9
6	55 Cs セシウム 132.9	56 Ba バリウム 137.3	57~71 ランタノイド	72 Hf ハフニウム 178.5	73 Ta タンタル 180.9	74 W タングステン 183.8	75 Re レニウム 186.2	76 Os オスミウム 190.2	77 Ir イリジウム 192.2
7	87 Fr フランシウム (223)	88 Ra ラジウム (226)	89~103 アクチノイド	104 Rf ラザホージウム (267)	105 Db ドブニウム (268)	106 Sg シーボーギウム (271)	107 Bh ボーリウム (272)	108 Hs ハッシウム (277)	109 Mt マイトネリウム (276)

横の列は上から第1周期～第7周期と呼び、縦の列は族という。同じ族に属する元素は互いに似た性質をもち、似た性質の化合物をつくる。現在よく見られる周期表は長周期型といって1～18族に分けてあるが、メンデレーエフがつくった周期表は、短周期型といって1～8族に分けられ、さらに各族をAとBに分けてまとめていた。

ランタノイド	57 La ランタン 138.9	58 Ce セリウム 140.1	59 Pr プラセオジム 140.9	60 Nd ネオジム 144.2	61 Pm プロメチウム (145)	62 Sm サマリウム 150.4
アクチノイド	89 Ac アクチニウム (227)	90 Th トリウム 232.04	91 Pa プロトアクチニウム 231.04	92 U ウラン 238.03	93 Np ネプツニウム (237)	94 Pu プルトニウム (239)

原子番号92のウランより重い元素を超重元素という。自然界にはふつう存在せず、人工的につくられて発見された。超重元素は放射線を出して崩壊し続ける。

元素を原子番号順に並べた表が元素周期表です。19世紀はじめ、イギリスの化学者ドルトンが原子量の表を作成し、1869年にはロシアの化学者メンデレーエフが元素を原子量の順に並べると、一定の周期で性質が似たものが現れることを発見しました。そして、63個の元素から成る周期表を作ることで、未発見の元素の性質について予言しました。

周期表の見方

1 ― 原子番号
H ― 元素記号
水素 ― 元素名
1.01 ― 原子量

金属

非金属

10	11	12	13	14	15	16	17	18
	銅族	亜鉛族	ホウ素族	炭素族	窒素族	酸素族	ハロゲン	希ガス
								2 He ヘリウム 4.00
			5 B ホウ素 10.81	6 C 炭素 12.01	7 N 窒素 14.01	8 O 酸素 16.00	9 F フッ素 19.00	10 Ne ネオン 20.18
			13 Al アルミニウム 26.98	14 Si ケイ素 28.09	15 P リン 30.97	16 S 硫黄 32.07	17 Cl 塩素 35.45	18 Ar アルゴン 39.95
28 Ni ニッケル 58.69	29 Cu 銅 63.55	30 Zn 亜鉛 65.38	31 Ga ガリウム 69.72	32 Ge ゲルマニウム 72.63	33 As ヒ素 74.92	34 Se セレン 78.97	35 Br 臭素 79.90	36 Kr クリプトン 83.80
46 Pd パラジウム 106.4	47 Ag 銀 107.9	48 Cd カドミウム 112.4	49 In インジウム 114.8	50 Sn スズ 118.7	51 Sb アンチモン 121.8	52 Te テルル 127.6	53 I ヨウ素 126.9	54 Xe キセノン 131.3
78 Pt 白金 195.1	79 Au 金 197.0	80 Hg 水銀 200.6	81 Tl タリウム 204.4	82 Pb 鉛 207.2	83 Bi ビスマス 209.0	84 Po ポロニウム (210)	85 At アスタチン (210)	86 Rn ラドン (222)
110 Ds ダームスタチウム (281)	111 Rg レントゲニウム (280)	112 Cn コペルニシウム (285)	113 Nh ニホニウム (284)	114 Fl フレロビウム (289)	115 Mc モスコビウム (288)	116 Lv リバモリウム (293)	117 Ts テネシン (294)	118 Og オガネソン (294)

63 Eu ユウロピウム 152.0	64 Gd ガドリニウム 157.3	65 Tb テルビウム 158.9	66 Dy ジスプロシウム 162.5	67 Ho ホルミウム 164.9	68 Er エルビウム 167.3	69 Tm ツリウム 168.9	70 Yb イッテルビウム 173.0	71 Lu ルテチウム 175.0
95 Am アメリシウム (243)	96 Cm キュリウム (247)	97 Bk バークリウム (247)	98 Cf カリホルニウム (252)	99 Es アインスタイニウム (252)	100 Fm フェルミウム (257)	101 Md メンデレビウム (258)	102 No ノーベリウム (259)	103 Lr ローレンシウム (262)

原子と分子の性質・特徴と用途

元素

原子核の陽子数によって元素(原子の性質)はちがいます。おもな元素を紹介します。

H 水素

原子番号	1
陽子の数	1
電子の数	1

同位体：陽子1個、電子1個の軽水素(全体の99%以上)のほかに、中性子が1つ加わった重水素(^{2}H)、中性子が2つ加わった三重水素(^{3}H)などがある。
基本的性質：宇宙でいちばん多い元素。常温では無色透明の気体。水素分子H_2として存在する。
用途：自動車などのエネルギー、超伝導の冷却、風船など

He ヘリウム

原子番号	2
陽子の数	2
電子の数	2

同位体：^{3}He(ヘリウム3)、^{4}He(ヘリウム4)、その他。
基本的性質：ほかの元素と反応しない不活性ガス。液体ヘリウムを用いて、人工的につくることができる最も低い温度の約-269℃を得ることができる。
用途：アドバルーン、超低温の液体ヘリウムによる超電導磁石の冷却。

Li リチウム

原子番号	3
陽子の数	3
電子の数	3

同位体：^{6}Li(リチウム6)、^{7}Li(リチウム7)、その他。
基本的性質：金属の中で最も軽いアルカリ金属元素(+の電気的性質が強い)。水と反応して水素を発生する。
用途：携帯電話やノートパソコンなどで使われるリチウムイオン電池などに活用。

C 炭素

原子番号	6
陽子の数	6
電子の数	6

同位体：安定した同位体に、^{11}C(炭素11)、^{12}C(炭素12)、不安定な同位体として^{14}C(炭素14)、その他。
基本的性質：最も硬い鉱物・ダイヤモンド、柔らかい黒鉛(鉛筆の芯の材料)にもなる。一方、さまざまな物質と化合して、二酸化炭素や人体を形づくる有機物を構成する。
用途：鉛筆、脱臭剤、プラスチック、カーボンナノチューブ、フラーレンなど。^{14}Cは、古代の動植物の年代測定に用いられる。

N 窒素

原子番号	7
陽子の数	7
電子の数	7

同位体：^{14}N(窒素14)、^{15}N(窒素15)、その他。
基本的性質：無味・無臭の気体。常温では安定し、高温で化合物をつくる。空気の約78%(体積比)を占めている。
用途：肥料や化学薬品の製造。液体窒素は-196℃の超低温をつくり出すことができる。

O 酸素

原子番号	8
陽子の数	8
電子の数	8

同位体：^{16}O(酸素16)、^{17}O(酸素17)、^{18}O(酸素18)、その他。
基本的性質：ほかの物質と化合しやすく、燃焼や生体のエネルギー生成には欠かせない。空気の約21%(体積比)を占めている。
用途：製鉄、化学工業、溶接など、多くの工業分野で使われる。

分子

物質の性質をもった最小の単位が分子です。１個の原子がそのまま分子として成立するものを単原子分子、ある決まった２個の原子でできた分子を二原子分子、３個以上のものを多原子分子といいます。

酸素　O_2

特徴：酸素は、酸素原子が2個結びついて酸素分子として存在する。Oの後ろについている小さな2は、酸素原子が2個くっついていることを表す。
用途：製鉄、化学工業、溶接など、多くの工業分野。病院や救急で使用する酸素ボンベなど。

水　H_2O

特徴：水素原子2個と酸素原子1個が結びついた分子。
性質：無色・無味・無臭。
1気圧では、100℃で沸騰し、0℃を下回ると氷となる。密度が最も高くなる（かさが小さくなる）のは約4℃。動植物の体の60～70%以上を占める。

炭素　C

特徴：炭素は、分子になってもCと表記するように、炭素単体が分子として存在することができる。
性質：炭素原子60個をサッカーボール状にしたフラーレンC_{60}や、チューブ状にしたカーボンナノチューブなどが人工的につくられている。炭素分子は、細いのに丈夫、電気を流しやすく、内部に水素などをためることができるなど、ほかの分子にはない特徴があり、新素材として研究が進められている。

二酸化炭素　CO_2

特徴：炭酸ガスともいう。炭素原子1個と酸素原子2個が結合したもの。無味・無臭・無毒の気体だが、地球温暖化の原因になる物質とされている。地球の大気には、体積比で0.027～0.036%含まれている。高圧（分圧が高く）で、低温であるほど水に溶けやすい。
用途：サイダーやラムネなどの炭酸飲料、ドライアイス、消火剤などに利用されているほか、工業用として広く使われる。

原子や分子の質量を表す単位

モル【mol】は、国際単位系（SI）で定められた原子や分子の物質の量（質量）を示すときに使う単位です。グラム【g】やミリグラム【mg】では、大きすぎて使いづらいため、molが使われます。原子や分子を1mol集めると、原子や分子の質量は原子量や分子量の数値gになります。現在、molは、質量数12の炭素の同位体^{12}Cが12gある中に存在する原子の数と等しい要素粒子を含む系の物質量と定められています。

また、molの定義も、2018年秋の国際度量衡総会で、アボガドロ定数［$6.022140857(74)\times10^{23}$］をもとにした定義に変更される予定です。新たなmolとアボガドロ定数を使って考えると、1円玉（1gのアルミニウム）には約$6.02\times10^{23}\div27$で約222×10^{20}個のアルミニウム原子があると推定することができます。

原子量16の酸素原子１つと原子量約１の水素原子２つでできた水分子は１molあると18gになる。

新しい元素をつくろう！

日本の名がついた人工元素

2016年11月、森田浩介博士を中心とした理化学研究所の研究グループの発見した新元素が、ニホニウム（元素記号Nh）と正式に認められました。このとき原子番号113番のニホニウムをふくめ４つの超重元素に正式名と元素記号がついたことで、周期表の原子番号１～118番までがうまりました。

人類は、これまで自然界にあっても、すぐこわれてしまって観察できない元素を、核分裂や核融合によって人工的につくって見つけてきました。93番から101番までの元素も、重い原子核に中性子または水素やヘリウムの原子核など軽い粒子をあてるか、原子炉や水爆実験でつくりだして発見した元素です。

しかし、102番以降の元素は、ホウ素（B）以上の重い原子核を加速して原子核にあてて合成しています。今回、認められた113番元素も、原子番号83番のビスマス（Bi）の原子核に、原子番号30番（Zn）の亜鉛の原子核を高速でぶつけて合成しています。

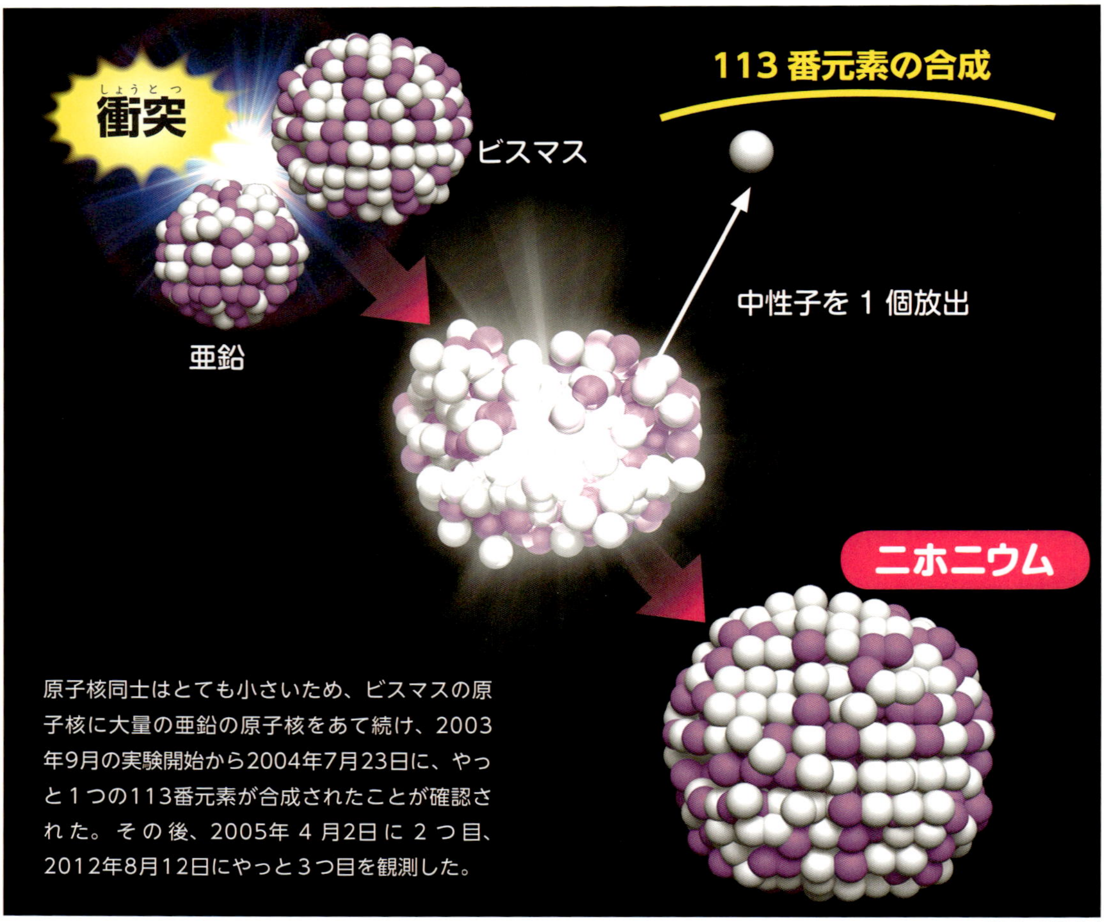

原子核同士はとても小さいため、ビスマスの原子核に大量の亜鉛の原子核をあて続け、2003年9月の実験開始から2004年7月23日に、やっと１つの113番元素が合成されたことが確認された。その後、2005年４月2日に２つ目、2012年8月12日にやっと３つ目を観測した。

イラスト：山崎フミオ

さらなる新元素への挑戦

森田博士らを中心とした研究グループは、さらに119番以降の元素の合成について研究を進めています。さらに科学者たちは、これ以上の超重元素をさがし、原子番号いくつまでの元素ができるのかを研究しています。原子核は、陽子数が増えていくと原子核がこわれやすく、不安定になっていきます。しかし、元素の中には、安定した原子核をつくる魔法数をもったものがあり、陽子数が２、８、20、28、50、82、中性子数が２、８、20、28、50、82、126などになるもので、陽子と中性子の数が20ずつあるカルシウム(^{40}Ca)や、陽子82、中性子126の鉛(^{208}Pb)はとても安定した物質です。

そうした理論から、超重元素にも、陽子と中性子が魔法数となって安定した原子核をもつ「安定の島」とよばれる元素の存在が予測されています。科学者たちは、安定の島をふくむ未発見の超重元素を合成し、さらに周期表を広げて完成しようと挑戦をしています。

素粒子物理学と日本人研究者

19世紀末ごろ、電子やX線、放射線などが発見され、原子が物質をつくるもっとも小さな粒子だという考え方は覆りました。現在、原子は陽子と中性子からなる原子核のまわりを電子が飛び回る構造だと知られています。さらに陽子や中性子は、クォークという粒子（素粒子）からできていることがわかってきました。こうした物質をつくる基本となる素粒子は、それぞれ3世代6種のレプトンとクォークから成り立っています。

2008年にノーベル賞を受賞した小林誠博士と益川敏英博士は、その論文の中でクォークが3世代（6種類）以上存在することを予測していました。これらのクォークは単独では存在せず、2つのクォークが集まって中間子（メソン）をつくり、3つのクォークが集まって陽子や中性子などのバリオンをつくります。ちなみに、湯川秀樹博士はこの中間子の存在を予測したことで、1949年にノーベル賞を受賞しています。

また電子をふくむレプトンも3世代6種類からなっていて、こちらは単独でも自然界に存在します。このレプトンの中でもニュートリノは、あまりに小さいために質量がないと考えられてきました。しかし、そのニュートリノをスーパーカミオカンデで観測し、質量があることを証明したのが、2015年にノーベル賞を受賞した梶田隆章博士です。

素粒子の研究によって、やがて物質の成り立ちや、宇宙誕生から現在までの宇宙の進化のなぞが解明されるかもしれません。

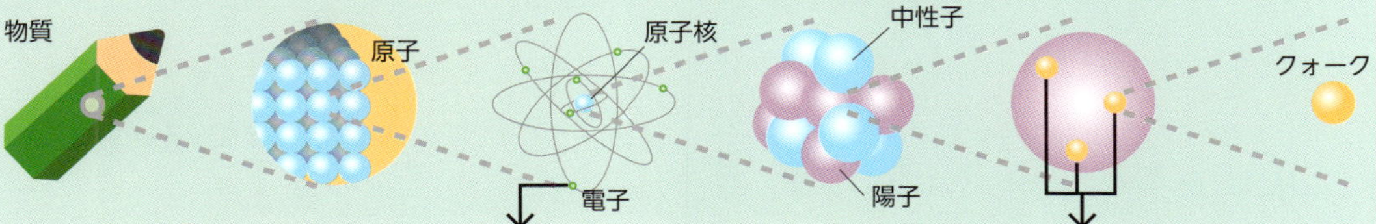

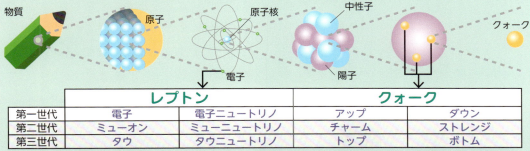

	レプトン		クォーク	
第一世代	電子	電子ニュートリノ	アップ	ダウン
第二世代	ミューオン	ミューニュートリノ	チャーム	ストレンジ
第三世代	タウ	タウニュートリノ	トップ	ボトム

第一世代は、通常の物質を構成する素粒子で、第二・第三世代は第一世代よりも大きな質量を持ち、加速器実験や宇宙線の中で見つかる素粒子。

放射能や放射線にかかわる単位

放射線とは

物質をつくる原子は、原子核とそのまわりを回る電子からできており、さらに原子核は陽子と中性子という、２種類の小さな粒子が集まってできています。ふつう、原子核は安定していて変わることはありませんが、よぶんなエネルギーをもって不安定なものがあります。不安定な原子核は、壊れる（崩壊または壊変する）ときに、エネルギーを放射線として出し、安定した原子核に変わります。また、飛んできた放射線とぶつかった原子核が壊れて、熱と放射線を出すこともあります。このように原子核が崩壊して別の原子核に変わるときに出る、巨大なエネルギーを利用して発電するのが原子力発電です。

放射線を出すものは「放射性物質」とよばれます。地球上には、地面の岩や生き物、食べ物などにも放射線を出すものがあり、宇宙からくる宇宙放射線もあります。つまり、ヒトはふつうにくらす中で、つねにわずかな放射線をうけているのです。

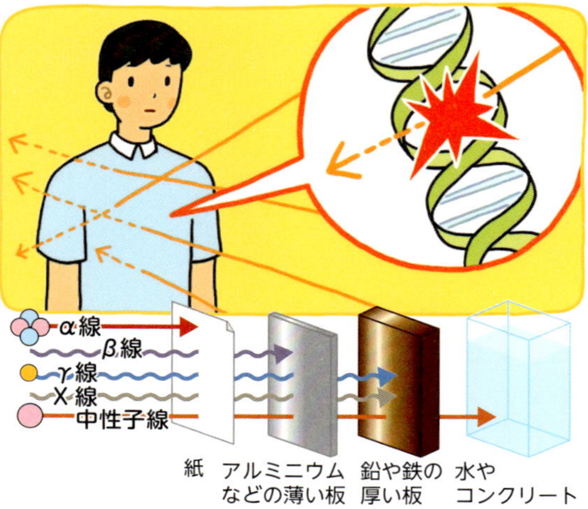

放射線は、ヒトの体をほとんどすり抜ける。そのときに細胞内のDNAを傷つけ、のちに病気の原因となることがある。放射線の種類によって、材料や厚さをえらべば、防ぐことができる。

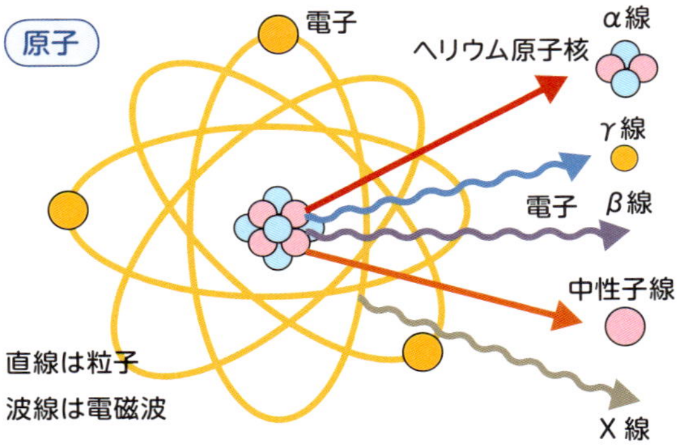

放射線には、α線やγ線など高エネルギーの粒子と電磁波がある。電磁波（→105ページ）の一種のX線はレントゲンなどに利用される。

【Bq】ベクレル

ベクレル【Bq】は、放射性物質が放射線を出す能力、つまり放射能の大きさ（量）を表す単位です。フランスの物理学者ベクレルにちなんで名づけられました。1Bqは、１秒間に１つの原子核が崩壊して別の原子核に変わることを示し、崩壊する原子核の個数が多いほど、放射能は大きくなります。放射性物質の体積、または質量あたりの放射能の強さとしてBq/L、Bq/kgがよく使われます。

また、放射性物質は、崩壊をくりかえして最終的に安定したほかの物質へ変化し、放射線を出さなくなります。ある物質の原子核が崩壊して半分になるまでの時間が半減期（物理学的半減期）です。半減期は放射性物質によってちがい、数秒から100億年をこえるものまであります。

【Sv】シーベルト

ちがう種類の放射性物質に同じ100Bq/kgの放射能があっても、物質ごとに出す放射線の種類はちがいます。そして放射線がちがえば、ヒトの体が受ける影響の大きさも変わります。そのため、ヒトの体が受けた放射線の影響の大きさは、シーベルト【Sv】という単位で表します。放射線をうけることを「被ばく」といい、シーベルトはどれだけ被ばくしたかを示します。

新聞やテレビなどでは、Svの1000分の１のミリシーベルト【mSv】や、100万分の１のマイクロシーベルト【μSv】といった単位でよく出てきます。また、毎時○μSvといって、もしその場所に１時間いたら○μSvを被ばくすることを表す場合もあります。

雨雲を放射性物質におきかえると、雨の量がBq、雨にぬれたときのヒトの体が受ける影響がSv、雨にぬれた量がGyとなる。

【Gy】グレイ

グレイ【Gy】は、あるものが放射線の力をどれだけ吸収したかを表す単位です。１Gyは、１キログラム【kg】のものが、放射線によって１ジュール【J】（→93ページ）の力を吸収したことを表します。

ただし、放射線からうける力が同じ100Gyでも、放射線の種類によってうける影響はちがいます。さらに、体の部位によっても影響をうけやすいところとうけにくいところがあります。そのため、ヒトにはSv、それほかにはGyがよく使われます。

放射線を雨つぶとして考えると、雨つぶが大きいか小さいか、また雨つぶが肩や腕にあたるのと、目にあたるのでは、うける痛み（ダメージ）がちがってくる。

ヒトの体への影響の大きさの目安

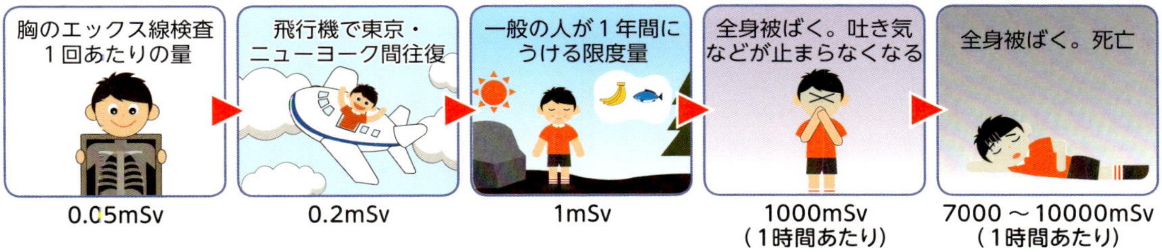

コラム 英語など外国語の記号

英語や外国語には、日本語にはない記号がたくさんあります。また、辞書などには、英語や外国語の単語を口に出して言うために発音記号が付記されています。

英語の記号

. ピリオド
文の終わりにつける。終止符。

, コンマ
句読点や小数点。

? クエスチョンマーク
疑問文のあとなどにつける。疑問符。

! エクスクラメーションマーク
感動や興奮、強調や驚きなど表し、文末などにつける。感嘆符。

’ アポストロフィー
短く縮めた形（I am→I’m）や、所有格（Mike’s）を表す。

‘ ’ “ ” クォーテーションマーク
引用文の前後につける。イギリスでは「‘」（シングル）、アメリカでは「“」（ダブル）が使われることが多い。

′ ダッシュ
A′のように文字や記号の右肩につく場合、プライムともいう。ダッシュには「―」という記号もある。

- ハイフン
二語を連結して一語としたり、一語が二行に分かれて書かれたりするときに使う。

/ スラッシュ
言葉の切れ目や、言葉と言葉の間に入れて「または」の意味で使う。

: コロン
前の内容を詳しく説明したり、例を挙げたりするときに使う。

; セミコロン
句読点の一種で、「,」より文章の区切りをはっきり示す。

フランス語やドイツ語の特殊な記号

フランス語

アクサン・テギュ　é

アクサン・グラーヴ　à è ù

アクサン・スィルコンフレックス　â î û ê ô

アクサン記号は、それぞれ母音の長短や口の開閉を示す。同じつづりで意味の異なる語を区別するのにも使う。

トレマ　ë ï ü ÿ
母音が連続したとき、後ろの母音を独立して発音することを示す。

セディーユ　ç
［s］と同じ発音（français）を示す。

ドイツ語

ウムラウト　ä ü ö
母音 a・o・u が後ろの i または e に近づいた音に変わることを示す。

音声記号

言語を発音するための記号を音声記号という。世界的には、国際音声学協会の定めた国際音声字母（IPA）が使われる。ただし、英語に必要な音は、IPAで表すものより少ないため、日本ではIPAの簡略表記やジョーンズ式音声記号が使われることも多い。それらのちがいは、おもに母音にある。

【単語】appreciate
【発音】/əprí:ʃièɪt/
ˈ 第一アクセント（強勢）
ˌ 第二アクセント（強勢）
ː 長音　ˑ 半長音　˘ 超短音
‿ 連結（切れ目なく読む）

母音
口を横から見たときの、口の開け方と舌の位置によって音声記号が割り当てられている。

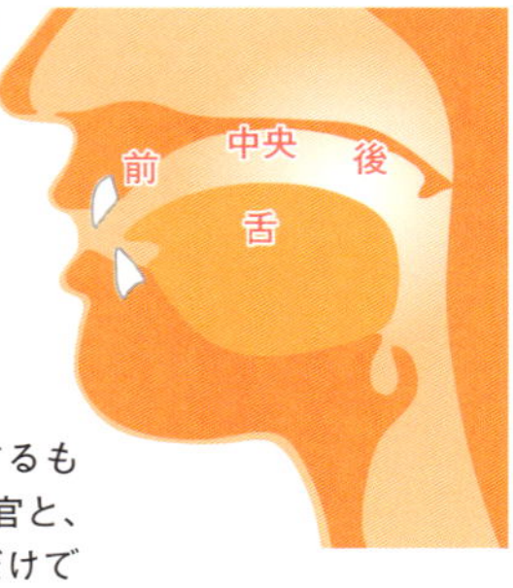

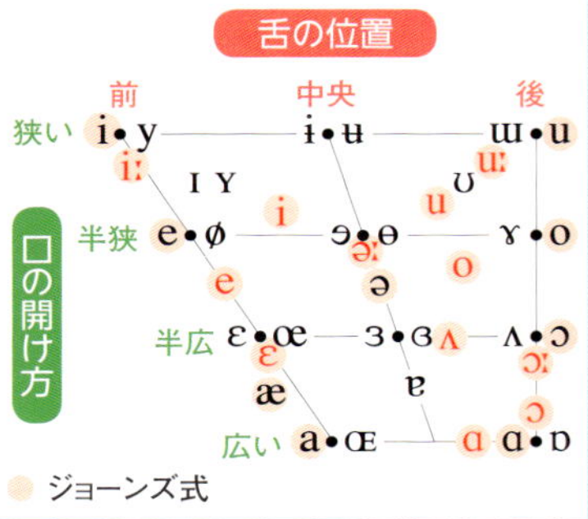

※

子音 ここでは、肺から流れ出る空気によって発声するものを紹介する。唇から声門まで使われる音声器官と、そのはたらき方で区別され、枠内の左側は息だけで発音する無声音、右側は声帯もふるわせる有声音。

	両唇音	唇歯音	歯音	歯茎音	後部歯茎音	そり舌音	硬口蓋音	軟口蓋音	口蓋垂音	咽頭音	声門音
破裂音	p b			t d		ʈ ɖ	c ɟ	k g	q ɢ		ʔ
鼻音	m	ɱ		n		ɳ	ɲ	ŋ	ɴ		
ふるえ音	ʙ			r					ʀ		
たたき音・はじき音		ⱱ		ɾ		ɽ					
摩擦音	ɸ β	f v	θ ð	s z	ʃ ʒ	ʂ ʐ	ç ʝ	x ɣ	χ ʁ	ħ ʕ	h ɦ
側面摩擦音				ɬ ɮ							
接近音		ʋ				ɻ	j	ɰ			
側面接近音						ɭ	ʎ	ʟ			

※

灰色は、発音不可能とされているところ。

※ © IPA2015

第9章
身のまわりにある記号

単位や単位にまつわるいろいろな記号を紹介してきましたが、そのほかにもまだまだたくさんの記号があります。街や建物の中をはじめ、生活のいろいろなところで見かける記号やマークを紹介しましょう。

地図記号

地図には、大きく分けて一般図と主題図があります。一般図の代表が地形図で、土地の起伏などの地形だけでなく、自然や施設をふくめた土地の状態も示します。地形図では、地図記号をつかって、ひと目でどのような場所かがわかるようになっています。記号には、鉄道や煙突など物の形からできたものや、学校など対象物と関連するものからできたもの、市役所など対象物とは関係のないものからできたものなどがあります。

境界線

都・府・県界
都道府県の境界

町・村・指定都市の区界
町、村、政令指定都市の境界

交通

鉄道（JR複線以上）
JRの複線以上の鉄道

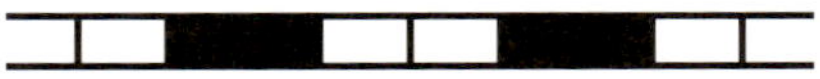

鉄道（JR単線）
JRの単線の鉄道

駅
四角で囲んだ記号

JRの駅

私鉄の駅

JR以外の鉄道（複線以上）
JR以外の複線以上の鉄道

JR以外の鉄道（単線）
JR以外の単線の鉄道

国道
路線番号も示される

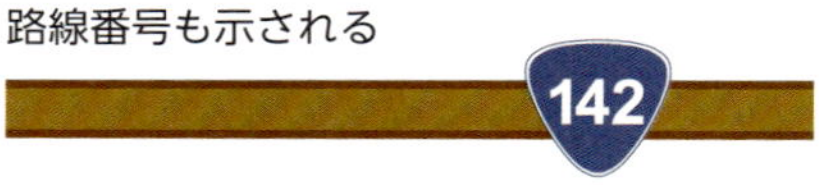

有料道路
横線は料金所

トンネル
地下を通っている鉄道や道路

鉄道のトンネル

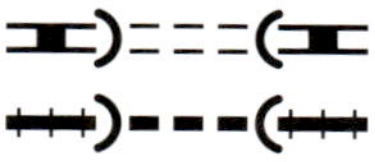

道路のトンネル

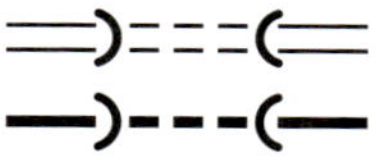

道路橋
橋の形

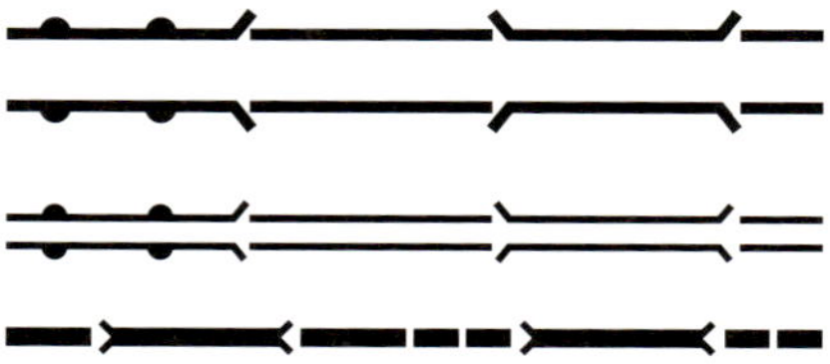

鉄道橋
橋の形

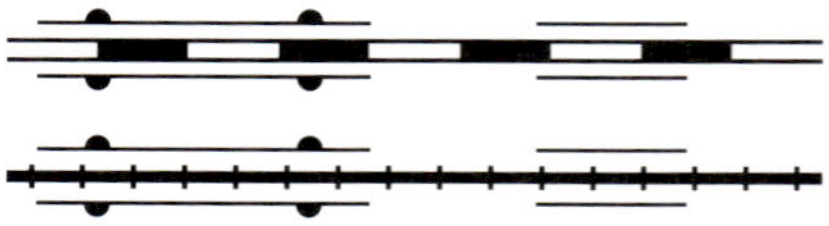

空港
飛行機の形

建物

小中学校

漢字の「文」

高等学校

「文」を○で囲んで小中学校と区別

大学

「文」の上に小さな「大」

市役所

市役所と東京の区役所

町村役場
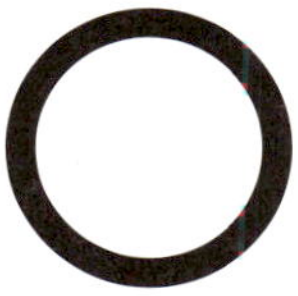
町役場と政令指定都市の区役所

官公署

いろいろな役所。漢字の「公」

裁判所

裁判の結果を知らせる立札の形

税務署

そろばんの玉の形

森林管理署

漢字の「木」

気象台

風向風速計の形

消防署

消火用のさすまた

保健所

病院を表す十字

警察署

交差させた2本の警棒を○で囲む

交番

交差させた2本の警棒

郵便局

郵便の記号

病院

十字マーク

神社
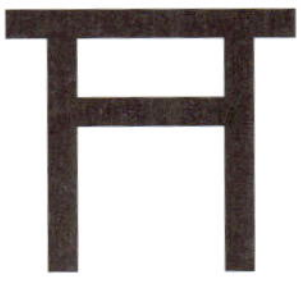
鳥居の形

寺院

寺を表す「卍」

博物館

博物館の建物のイメージ

図書館

本の形

自衛隊

自衛隊の旗の形

工場

歯車の形

発電所

発電機と電線

老人ホーム

建物の中に杖

地図記号

高塔
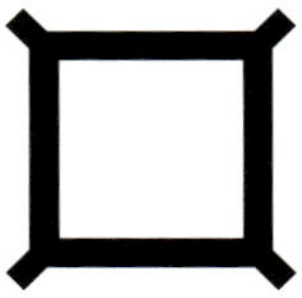
高い塔。塔の4本の支柱

煙突

煙突の形

電波塔

高いアンテナ

灯台

四方八方に光が出ている様子

城跡
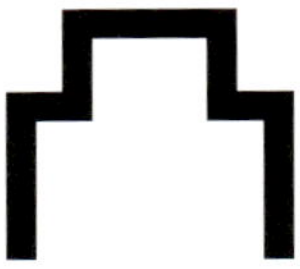
城の形

漁港

いかりの形

史跡・名勝・天然記念物
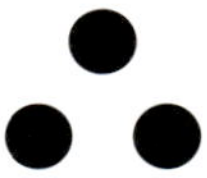
記号と一緒に名称も書いて使う

自然

山頂
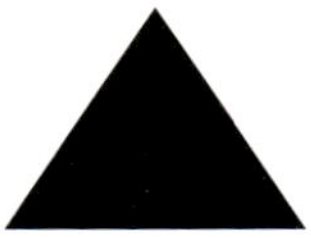
横に山の名称と、標高を示す

噴火口・噴気口

ガスが噴き出ている様子

温泉・鉱泉

湯気が出ている様子

広葉樹林
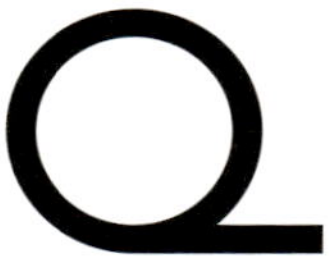
広がった葉っぱの形

針葉樹林

とがった葉っぱの形

荒地
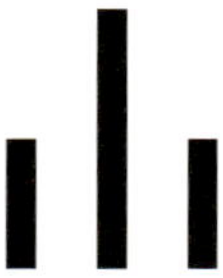
草がまばらに生えた荒地

湿地
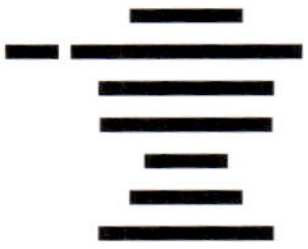
水の多い地面

農業

田

田んぼに植えた苗の形

畑

植物の双葉が顔を出したところ

果樹園

果実がなっている様子

桑畑

クワの木の形

茶畑

お茶の実の形

基準点

三角点
測量を行うときの基準点

水準点
測量するときの正確な高さの基準
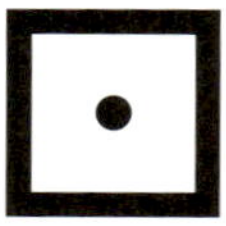

電子基準点
衛星測位システム（GNSS）を使った測量を行うときの基準点

外国人向けの地図記号

近年、海外から多くの観光客が日本に来るようになりました。しかし、日本の地図記号の中には、外国人には意味がわかりにくいものもあります。そこで、2016年3月、国土地理院は一般の人からの意見も取り入れ、外国人向けの地図記号を新しく決めました。

新しい地図記号　国内向けの地図記号

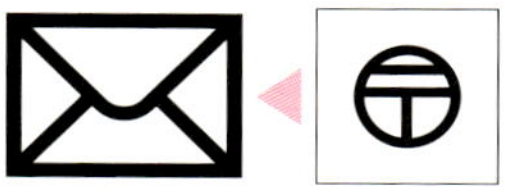

郵便局
封筒の形

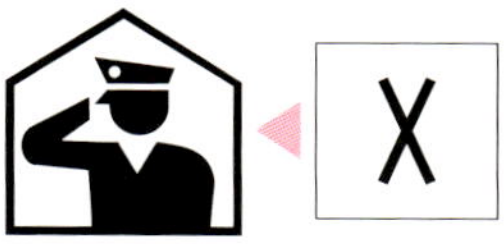

交番
建物の中に、敬礼をした警官

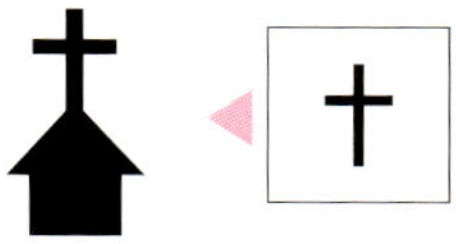

教会
教会の建物と十字架

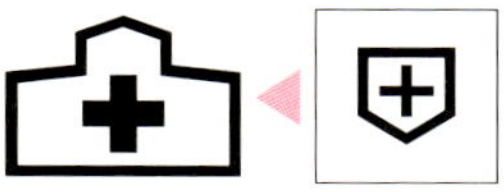

病院
病院の建物

新登場！

銀行
キャッシュサービスを記号化

新登場！

ショッピングセンター
買い物カートの形

新登場！

コンビニエンスストア / スーパーマーケット
サンドイッチと飲み物

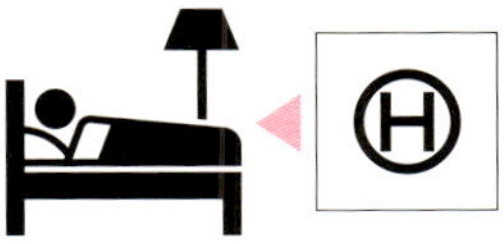

ホテル
ベッドで寝ている様子

新登場！

レストラン
ナイフとフォーク

新しい地図記号　国内向けの地図記号

新登場！

トイレ
男女のマーク

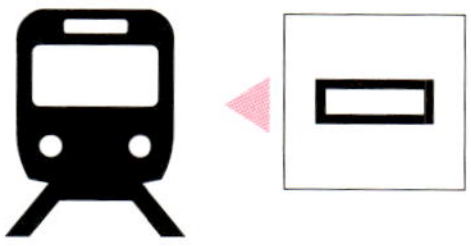

鉄道の駅
電車とレール

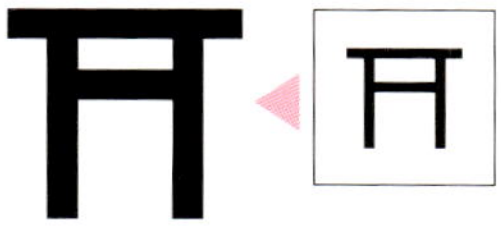

神社
鳥居の形

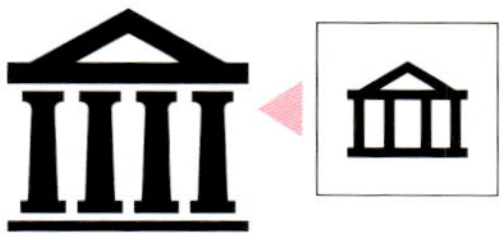

博物館
博物館の建物のイメージ

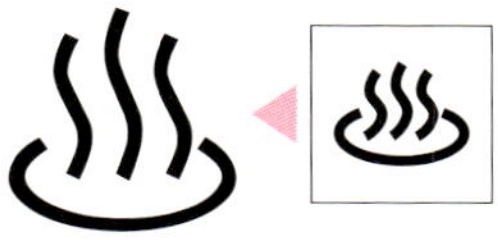

温泉
湯気が出ている様子

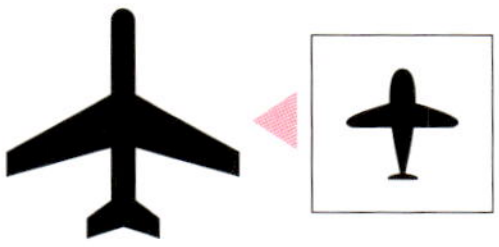

空港
飛行機の形

検討中の地図記号

一般の人々からの意見も聞き、2016年に決定されなかった地図記号がいくつかあります。それが「寺院」と「モスク」、「観光案内所」です。日本国内で普及していないことなどから、現在使われている記号や今後の利用実態により、変わっていくかもしれません。

寺院  モスク  観光案内所  または 

地図記号

その他の地図の記号

方位

地図には、北の向きを示す方位記号が記されます。いろいろな記号がありますが、おもなものは右の3つです。また、地図は上を北にするのが原則ですが、用途によっては、北以外の方向を上にした方が便利なこともあります。そうした地図では、とくに方位記号が重要になります。

東西南北の4方位の間を2等分して、北東、南東、南西、北西としたものが8方位、8方位の間をさらに2等分したのが16方位です。

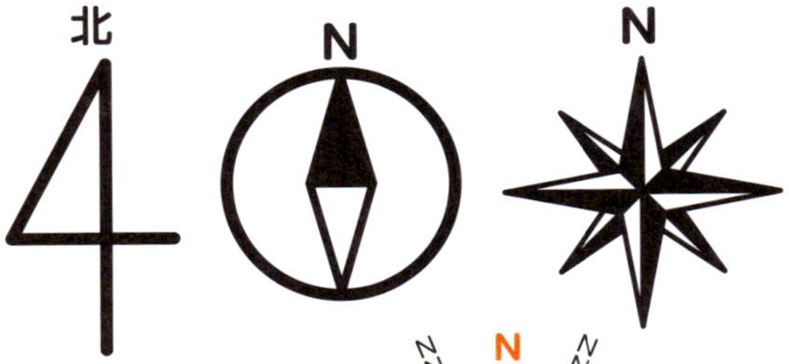

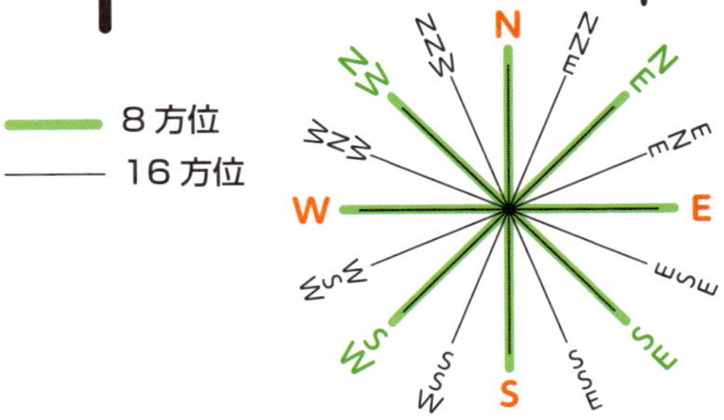

N	北	E	東	S	南	W	西
NNE	北北東	ESE	東南東	SSW	南南西	WNW	西北西
NE	北東	SE	南東	SW	南西	NW	北西
ENE	東北東	SSE	南南東	WSW	西南西	NNW	北北西

縮尺

地図は、実際の地形を縮めて表記してあるので、実際の距離を知るために、縮尺記号がつけられています。5万分の1や1/50000といった記し方をします。縮尺記号を見て地図上の距離を測ると、実際の距離を知ることができます。

5万分の1のとき

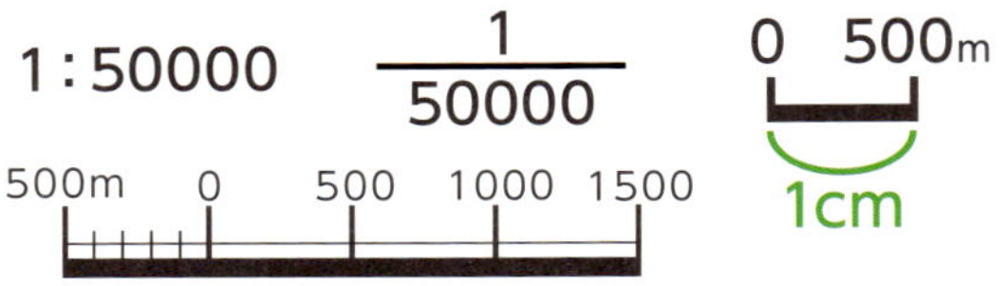

5万分の1の地図の場合、地図上の1cmは0.01m（1cm）×50000=500mで、実際の距離では500mになる。

さまざまな方位の表し方

方位を表すのに、さまざまな方法があります。船や飛行機の航海のときなど、正確な針路（進む方向）を決める場合、北を出発点にして、東を90°、南を180°、西を270°と、右回りにぐるりと回りながら、度【°】で表します。また、かつての日本では、ひとまわりを12等分して、北から子、丑、寅、…と東まわりに十二支をつかって方角を表していました。ですが、これだと北東や南東などが表しづらく、中国で方位を表す八卦（はっけ）に使われる漢字（坎（かん）、艮（こん）、震（しん）、巽（そん）、離（り）、坤（こん）、兌（だ）、乾（けん））を使って十二支の方位名から、艮（うしとら）、巽（たつみ）、坤（ひつじさる）、乾（いぬい）と読みました。

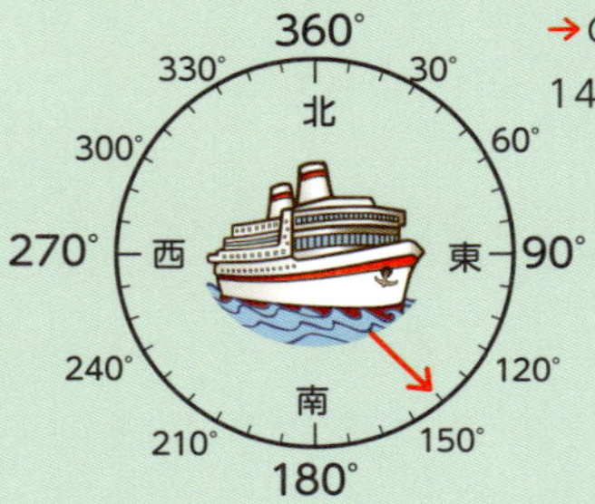

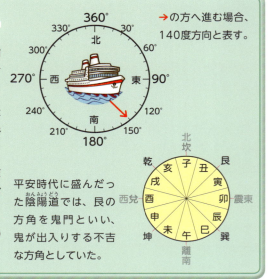

→の方へ進む場合、140度方向と表す。

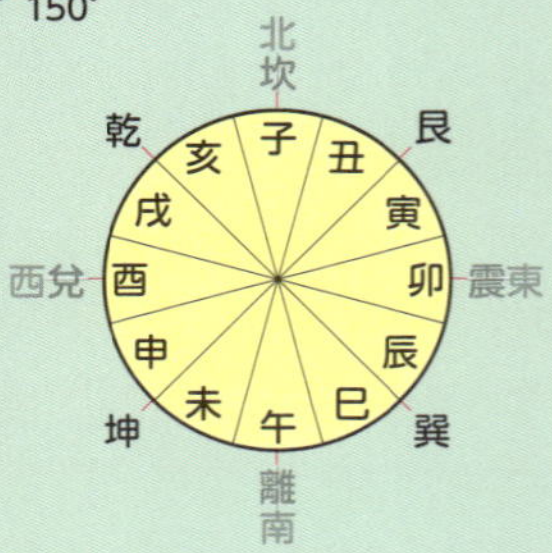

平安時代に盛んだった陰陽道（おんみょうどう）では、艮の方角を鬼門といい、鬼が出入りする不吉な方角としていた。

道路標識

交通の安全を守るためにつくられた標識です。案内標識、規制標識、警戒標識、指示標識、補助標識に分けられます。それぞれ、主要なものを紹介します。

案内標識

交差点などにあって、地名や行き先を示す標識です。一般道路では青地に白い文字、高速道路では緑地に白い文字で書いてあります。

都府県の表示

国道番号

都道府県道番号

方面および出口

高速道路などの入り口の方向

方面、方向および距離

非常電話

待避所

非常駐車帯

サービスエリア、道の駅の予告

路面電車停留所

まわり道

登坂車線

駐車場

乗合自動車停留所

指示標識

特定の許可や命令を行う標識です。

並進可

横に並んで走行してもよい

駐車可

停車可

優先道路

停止線

横断歩道

安全地帯

自転車横断帯

横断歩道・自転車横断帯

規制予告

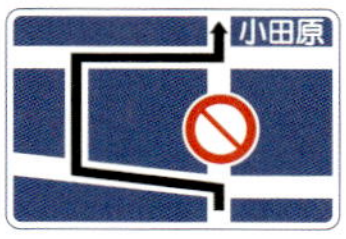

道路標識

警戒標識

注意・警戒しなさい
という標識です。

＋形道路
交差点あり

├形道路
交差点あり

Y形道路
交差点あり

信号機あり

学校、幼稚園、
保育所等あり

ロータリーあり

踏切あり（新形式）

右方屈曲あり

カーブ

右方屈折あり
直角に近い曲がり

すべりやすい

落石のおそれあり

路面凹凸あり

合流交通あり

道路工事中

車線数減少

幅員減少 幅が狭くなる

二方向交通
ひとつの車線を
両方向で使う

上り急勾配あり

下り急勾配あり

横風注意

動物が
飛び出す
おそれあり

規制標識

禁止や規制を表す
標識です。

指定方向外進行禁止

通行止め

車両通行止め

追越しのために右側に
はみ出しての
通行禁止

転回禁止（Uターン禁止）

車両横断禁止

車両進入禁止

時間制限駐車
区間

危険物積載車両
通行止め

駐停車禁止

駐車禁止

重量制限
（5.5tまで）

高さ制限
（3.3mまで）

最大幅
（2.2mまで）

最高速度
（時速50km）

最低速度
（時速30km）

自動車専用

自転車専用

一方通行

自転車一方通行

進行方向別通行区分

徐行

一時停止

歩行者通行止め

歩行者横断禁止

補助標識

規制の時間帯を示すなど、補助的な情報を示す標識。

距離・区域

ここから50m

この先100m

市内全域

区域の始まり

区　域
ここから

ここから

区域の終わり

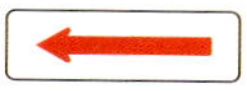

区　域
ここまで

ここまで

区域内

区 域 内

日・時間

日曜・休日を除く

8－20

車両の種類

大　　貨

原付を除く

追越し禁止

追越し禁止

前方優先道路

前方優先道路

踏切注意

踏切注意

横風注意

横風注意

動物注意

動物注意

安全速度

安全速度
30

路肩弱し

路肩弱し

騒音防止区間

騒音防止区間

方向

色や形がもつ意味

交通標識などの記号やマークには、色や形に意味をもつものがあります。標識において、赤は、「止まれ」や「禁止」を表し、黄は「注意」、青は「許可」「誘導」や「指示」、非常口や避難所などの標識に使われる緑は「安全」を表します。信号の色は、国際的に赤・黄・緑と決まっていて、世界中で赤は「止まれ」を意味します。これは、赤色の波長が長く、遠くからでも赤が見えやすいためだといわれます。

また標識の形では、実際よりも大きく見えやすい丸い形は禁止や規制の標識、不安定で注意を引きやすい三角形や菱形は注意や警戒標識によく使われます。安定感のある四角形は案内や誘導、指示によく使われ、横断歩道など下が平らな五角形の標識は、下から見上げたときに見やすい形だといわれます。

児童が持つ帽子や鞄に黄色がよく使われるのは、黒っぽい道路で目立って注意を促すため。

生活と安全に関するマーク

建物の中や交通機関など、設備や施設の場所がひと目でわかるマークがあります。また、工事中など、危険な場所では、安全に注意しなければいけないことがらがたくさんあります。そういうときに、ひと目でわかるように記号で注意を促します。

日本から世界に広まったピクトグラム

ピクトグラムは、絵文字や絵言葉による図記号で、日本語や英語など、言語の違いによる制約を受けない「視覚言語」として、1960年代以降、世界的に注目されました。日本では、1964年の東京オリンピックの案内標識をきっかけに広まりました。現在、よく見る非常口のピクトグラムは、日本で生まれたもので、1987年に国際標準化機構（ISO：工業規格を国際的に標準化する組織）により国際的な記号として正式に採用されました。

公益財団法人交通エコロジー・モビリティ財団（標準案内用図記号）

禁止マーク
禁煙
火気厳禁
進入禁止
駐車禁止
自転車乗り入れ禁止
立ち入り禁止
走るな
さわるな
捨てるな
飲めない
携帯電話使用禁止
電子機器使用禁止
フラッシュ撮影禁止
ベビーカー使用禁止
遊泳禁止
飲食禁止
ペット持ち込み禁止
注意マーク
注意
障害物注意
上り段差注意
転落注意
感電注意
天井に注意
指示マーク
静かに
左側にお立ちください
二列並び
洪水・津波に関するマーク
洪水
堤防
避難所
津波避難所
津波注意

品質や機能、用途、状態を示すマーク

わたしたちの身のまわりには、たくさんの製品があります。それらの製品の品質や特徴などを表すのに、さまざまなマークがあります。さまざまな製品につくものから、あるきまった製品につけられる記号まで、よく見られるおもな記号を紹介します。

食品の特徴や安全性に関するマーク

JASマーク

成分や性能等の品質を定めた規格を満たす食品や林産物など

有機JASマーク

有機JAS規格を満たす農産物など

特定JASマーク

特定JAS規格（特別な生産・製造方法など）を満たす食品など

生産情報公表JASマーク

規格に基づき、農薬や肥料、医薬品などの情報を公表している牛肉、農産物など

特別用途食品マーク

乳児、妊産婦、病人などの発育や健康の回復など、特別な用途に適した食品

特定保健用食品マーク

健康に影響を与える保健機能成分を含む食品

飲用乳の公正マーク

表示に関する規約に従い、適正な表示をしている飲用乳

JHFAマーク

規格基準の審査に合格した保健補助食品

Eマーク（地域特産品認証マーク）

地域の原材料の良さを活かした特産品

MSCエコラベル

持続可能な漁業で獲られた水産物につけられる

p.150 協力：農林水産省（JASマーク、有機JASマーク、特定JASマーク、生産情報公表JASマーク、Eマーク）／消費者庁（特別用途食品マーク、特定保健用食品マーク）／全国飲用牛乳公正取引協議会（公正マーク）／日本健康・栄養食品協会（JHFAマーク）／MSC日本事務所（MSCエコラベル）

家庭から出る容器包装を分別回収するための識別マーク

スチール缶

アルミ缶

PET ボトル

PET

プラスチック製容器包装

紙製容器包装

飲料用紙パック

段ボール

電池の種類を見分けるマーク

ニッカド電池

Ni-Cd

ニッケル水素電池

Ni-MH

リチウムイオン電池

Li-ion

小型シール鉛電池

Pb

その他のマーク

R マーク（再生紙使用マーク）

R100

古紙パルプ配合率100％再生紙を使用

統一美化マーク

のんだあとはリサイクル

エネルギースターマーク

ENERGY STAR

国際的な省エネ基準をクリアしているパソコン等

PC リサイクルマーク

PC リサイクル

家庭から廃棄するときに新たな料金が必要ないパソコン

PETボトルリサイクル推奨マーク

PET再利用品

PETボトルを再利用して、基準を満たした製品

省エネマーク

省エネ基準達成率100%以上

省エネマーク

省エネ基準未達成

リターナブルびんマーク

統一規格の、何度もくりかえし使うことのできるガラスびん

カーボンフットプリントマーク

CO_2

製品の原材料の調達から廃棄までに排出されるCO_2の量を表示する

間伐材マーク

間伐は みどりを育てる 深呼吸

間伐材を用いた製品

グリーンマーク

グリーンマーク

古紙を原料にした紙製品等

エコマーク

環境保全に役立つと認定された商品

p.151 協力:食品容器環境美化協会（スチール缶、アルミ缶、統一美化マーク）／PET ボトルリサイクル推進協議会（PET ボトル）／プラスチック容器包装リサイクル推進協議会（プラスチック製容器包装）／紙製容器包装リサイクル推進協議会（紙製容器包装）／飲料用紙容器リサイクル協議会（飲料用紙パック）／段ボールリサイクル協議会（段ボール）／JBRC（ニッカド電池、リチウムイオン電池、ニッケル水素電池、小型シール鉛電池）／資源エネルギー庁（省エネマーク、エネルギースターマーク）／日本環境協会（エコマーク）／古紙再生促進センター（グリーンマーク）／3R 活動推進フォーラム（R マーク）／全国森林組合連合会（間伐材マーク）／パソコン 3R 推進協会（PC リサイクルマーク）日本ガラスびん協会（リターナブルびんマーク）／産業環境管理協会（カーボンフットプリントマーク）／PET ボトル協議会（PET ボトルリサイクル推奨マーク）

品質や機能、用途、状態を示すマーク

製品の素材や特徴を示すマーク

ウールマーク
新毛を100％使用し、品質基準を満たした製品

PURE NEW WOOL

ジャパン・コットン・マーク
日本国内で製造した綿糸を使用した製品

JAPAN COTTON
Pure Cotton

盲導犬マーク
目の不自由な子供も一緒に遊べるおもちゃ

うさぎマーク
耳の不自由な子供も一緒に遊べるおもちゃ

JIS マーク
JIS規格にしたがってつくられた製品

JIA 認証マーク
検査に合格したガスこんろやオーブンなど

JIA 認証

ST マーク
安全基準に合格したおもちゃ

SG マーク
消費生活用製品の安全性を認証する

Gマーク
グッドデザイン賞を受賞したもの

PSE マーク
法律を守って輸入・製造されている電気用品

S-JET マーク
電気製品の安全性の第三者認証マーク（JETは認証機関）

VCCI マーク
ほかの機器に悪影響を与えるような妨害波が出ていないことを示す

伝統マーク
経済産業大臣に指定された伝統的工芸品

たいせつにしますプライバシー
10123456(01)

プライバシーマーク
個人情報を適切に扱う事業者に使用が認められているマーク

JADMA マーク
日本通信販売協会の正会員

公益社団法人日本通信販売協会会員

FAIRTRADE

国際フェアトレード認証ラベル
生産者への適正価格保証や環境基準を守った製品

p.152 協力：ザ・ウールマーク・カンパニー（ウールマーク）／日本紡績協会（コットンマーク）／日本玩具協会（ST マーク、盲導犬マーク、うさぎマーク）／日本工業標準調査会（JIS マーク）／製品安全協会（SG マーク）／電気安全環境研究所（S-JET マーク）／VCCI 協会（VCCI マーク）／日本ガス機器検査協会（JIA 認証マーク）／日本デザイン振興会（G マーク）／伝統的工芸品産業振興協会（伝統マーク）／フェアトレード・ラベル・ジャパン（国際フェアトレード認証ラベル）／日本情報経済社会推進協会（プライバシーマーク）／日本通信販売協会（JADMA マーク）

自分の状況を伝えるマーク、障害のある人に関するマーク

マタニティマーク

障害者のための国際シンボルマーク

障害者が利用できる建物、施設であることを表す世界共通のマーク

身体障害者標識（身体障害者マーク）

身体に不自由がある方が運転する車につけることがあるマーク

聴覚障害者標識（聴覚障害者マーク）

聞こえが不自由な方が運転する車に表示するマーク

ヘルプマーク

見た目では分からない体の内部に障害がある人などが、援助や配慮を必要としていることを知らせるマーク

ハート・プラス・マーク

見た目ではわかりづらい、体の内部（心臓、呼吸機能、じん臓、膀胱・直腸、小腸、肝臓、免疫機能など）に障害がある人を表す。

AED マーク

医療器機のAED（自動対外式除細動機）がおかれていることを示す。

盲人のための国際シンボルマーク

視覚障害者の安全やバリアフリーに考慮された建物、設備、機器などにつけられる世界共通のマーク

ほじょ犬マーク

身体障害者補助犬法を啓発するためのマーク

耳マーク

聞こえが不自由なことを表したり、聞こえない人・聞こえにくい人への配慮を示すマーク

オストメイト用設備

人工肛門・人工膀胱をつけた人（オストメイト）のための設備があることを表す

「白杖 SOS シグナル」普及啓発シンボルマーク

白杖を掲げて助けを求めている人を見かけたら、進んで声をかけて支援しようという運動のシンボルマーク

障害者雇用支援マーク

障害者の在宅障害者就労支援並びに障害者就労支援を認めた企業、団体に対して付与する認証マーク

p.153協力:厚生労働省（ほじょ犬マーク、マタニティマーク）／日本救急医療財団（AEDマーク）／公益財団法人日本障害者リハビリテーション協会（障害者のための国際シンボルマーク）／警視庁（身体障害者標識、聴覚障害者標識）／社会福祉法人日本盲人福祉委員会（盲人のための国際シンボルマーク）／一般社団法人全日本難聴者・中途失聴者団体連合会（耳マーク）／公益財団法人交通エコロジー・モビリティ財団（オストメイトマーク）／東京都保健福祉局障害者施策推進部（ヘルプマーク）／特定非営利活動法人ハート・プラスの会（ハート・プラス・マーク）／岐阜市福祉部福祉事務所（「白杖 SOS シグナル」普及啓発シンボルマーク）／（公財）ソーシャルサービス協会（障害者雇用支援マーク）

さくいん

同じ見開きの中で何度も出てくる言葉は、最初に出てきたページをのせています。

な

は

ま

SI 基本単位

基本量	名称	記号
長さ	メートル	m
質量	キログラム	kg
時間	秒	s
電流	アンペア	A
熱力学温度	ケルビン	K
物質量	モル	mol
光度	カンデラ	cd

基本単位をつかって表される SI 組立単位

組立量	名称	記号
面積	平方メートル	m^2
体積	立方メートル	m^3
速さ、速度	メートル毎秒	m/s
加速度	メートル毎秒毎秒	m/s^2
波数	毎メートル	m^{-1}
密度、質量密度	キログラム毎立方メートル	kg/m^3
面積密度	キログラム毎平方メートル	kg/m^2
比体積	立方メートル毎キログラム	m^3/kg
電流密度	アンペア毎平方メートル	A/m^2
磁界の強さ	アンペア毎メートル	A/m
量濃度、濃度	モル毎立方メートル	mol/m^3
質量濃度	キログラム毎立方メートル	kg/m^3
輝度	カンデラ毎平方メートル	cd/m^2
屈折率	(数の) 1	1 [(a)]
比透磁率	(数の) 1	1 [(a)]

[(a)] 量は数値で表し、単位記号"1"は表示しない。

固有な名称と記号で表される SI 組立単位

組立量	名称	記号	ほかのSI単位による表し方	SI基本単位による表し方
平面角	ラジアン	rad	1	m/m
立体角	ステラジアン	sr	1	m^2/m^2
周波数	ヘルツ	Hz		s^{-1}
力	ニュートン	N		$m\ kg\ s^{-2}$
圧力、応力	パスカル	Pa	N/m^2	$m^{-1}\ kg\ s^{-2}$
エネルギー、仕事、熱量	ジュール	J	Nm	$m^2\ kg\ s^{-2}$
仕事率、放射束	ワット	W	J/s	$m^2\ kg\ s^{-3}$
電荷、電気量	クーロン	C		sA
電位差 (電圧)、起電力	ボルト	V	W/A	$m^2\ kg\ s^{-3}\ A^{-1}$
静電容量	ファラド	F	C/V	$m^{-2}\ kg^{-1}\ s^4\ A^2$
電気抵抗	オーム	Ω	V/A	$m^2\ kg\ s^{-3}\ A^{-2}$
コンダクタンス	ジーメンス	S	A/V	$m^{-2}\ kg^{-1}\ s^3\ A^2$
磁束	ウェーバ	Wb	Vs	$m^2\ kg\ s^{-2}\ A^{-1}$
磁束密度	テスラ	T	Wb/m^2	$kg\ s^{-2}\ A^{-1}$
インダクタンス	ヘンリー	H	Wb/A	$m^2\ kg\ s^{-2}\ A^{-2}$
セルシウス温度	セルシウス度	°C		K
光束	ルーメン	lm	cd sr	cd
照度	ルクス	lx	lm/m^2	m^{-2} cd
放射性物質の放射能	ベクレル	Bq		s^{-1}
吸収線量	グレイ	Gy	J/kg	$m^2\ s^{-2}$
線量当量	シーベルト	Sv	J/kg	$m^2\ s^{-2}$
酵素活性	カタール	kat		$s^{-1}mol$

固有な名称と記号を含む SI 組立単位

組立量	名称	記号	SI基本単位による表し方
粘度	パスカル秒	Pa s	$m^{-1}\ kg\ s^{-1}$
力のモーメント	ニュートンメートル	N m	$m^2\ kg\ s^{-2}$
表面張力	ニュートン毎メートル	N/m	$kg\ s^{-2}$
角速度	ラジアン毎秒	rad/s	$m\ m^{-1}\ s^{-1} = s^{-1}$
角加速度	ラジアン毎秒毎秒	rad/s^2	$m\ m^{-1}\ s^{-2} = s^{-2}$
熱流密度、放射照度	ワット毎平方メートル	W/m^2	$kg\ s^{-3}$
熱容量、エントロピー	ジュール毎ケルビン	J/K	$m^2\ kg\ s^{-2}\ K^{-1}$
比熱容量、比エントロピー	ジュール毎キログラム毎ケルビン	J/(kg K)	$m^2\ s^{-2}\ K^{-1}$
比エネルギー	ジュール毎キログラム	J/kg	m^2s^{-2}
熱伝導率	ワット毎メートル毎ケルビン	W/(m K)	$m\ kg\ s^{-3}\ K^{-1}$
体積エネルギー	ジュール毎立方メートル	J/m^3	$m^{-1}\ kg\ s^{-2}$
電界の強さ	ボルト毎メートル	V/m	$m\ kg\ s^{-3}\ A^{-1}$
電荷密度	クーロン毎立方メートル	C/m^3	m^{-3} s A
表面電荷	クーロン毎平方メートル	C/m^2	m^{-2} s A
電束密度、電気変位	クーロン毎平方メートル	C/m^2	m^{-2} s A
誘電率	ファラド毎メートル	F/m	$m^{-3}\ kg^{-1}\ s^4\ A^2$
透磁率	ヘンリー毎メートル	H/m	$m\ kg\ s^{-2}\ A^{-2}$
モルエネルギー	ジュール毎モル	J/mol	$m^2\ kg\ s^{-2}\ mol^{-1}$
モルエントロピー、モル熱容量	ジュール毎モル毎ケルビン	J/(mol K)	$m^2\ kg\ s^{-2}\ K^{-1}\ mol^{-1}$
照射線量 (X線およびγ線)	クーロン毎キログラム	C/kg	kg^{-1} s A
吸収線量率	グレイ毎秒	Gy/s	$m^2\ s^{-3}$
放射強度	ワット毎ステラジアン	W/sr	$m^4\ m^{-2}\ kg\ s^{-3} = m^2\ kg\ s^{-3}$
放射輝度	ワット毎平方メートル毎ステラジアン	$W/(m^2\ sr)$	$m^2\ m^{-2}\ kg\ s^{-3} = kg\ s^{-3}$
酵素活性濃度	カタール毎立方メートル	kat/m^3	$m^{-3}\ s^{-1}$ mol

■ 監修協力

ガリレオ工房　滝川 洋二（たきかわ　ようじ）

NPO法人ガリレオ工房理事長。NPO法人理科カリキュラムを考える会理事長。1949年生まれ。1984年国際基督教大学大学院博士課程修了。1986年「ガリレオ工房」を設立し、代表・理事長として理科指導者育成に努める。多数の出版物やテレビ番組等の監修や出演を通じて、科学の楽しさを広めている。2004年ソロプチミスト日本財団青少年指導者育成賞、2005年文部科学大臣表彰（科学技術賞理解増進部門）受賞。

協力者一覧

3R活動推進フォーラム／CDC／Dreamstime／eyespic／Fotolia／JAXA／MSC日本事務所／NASA／NOAA／PETボトルリサイクル推進協議会／PIXTA／PPS通信社／profoto／Shutterstock／USAP／阿達直樹／（一財）VCCI協会／（一社）産業環境管理協会／（一財）製品安全協会／（一社）全日本難聴者・中途失聴者団体連合会／（一財）電気安全環境研究所／（一社）電池工業会／（一財）伝統的工芸品産業振興協会／（一財）日本ガス機器検査協会／（一社）日本玩具協会／（一財）日本救急医療財団／（一財）日本情報経済社会推進協会／（一財）日本綿業振興会／（一社）パソコン３R推進協会／飲料用紙容器リサイクル協議会／大友康寛／沖縄明治乳業株式会社／紙製容器包装リサイクル推進協議会／岐阜市福祉部福祉事務所／岐阜聖徳学園大学教育学部／経済産業省 資源エネルギー庁／警視庁／（公財）交通エコロジー・モビリティ財団／（公財）古紙再生促進センター／（公社）食品容器環境美化協会／（公財）ソーシャルサービス協会 ITセンター／（公財）日本環境協会／（公財）日本健康・栄養食品協会 ／（公財）日本障害者リハビリテーション協会／（公社）日本通信販売協会／厚生労働省／厚生労働省（子ども家庭局母子保健課）／国立研究開発法人 情報通信研究機構／ザ・ウールマーク・カンパニー／産総研計量標準総合センター／（福）日本盲人福祉委員会／写真AC／消費者庁／杉山 芬／全国飲用牛乳公正取引協議会／全国森林組合連合会 間伐材マーク事務局／段ボールリサイクル協議会／東京都／東京都福祉保健局／（特非）ハート・プラスの会／（特非）フェアトレード・ラベル・ジャパン／トヨタ自動車／なよろ市立天文台／日本工業標準調査会／日清フーズ株式会社／日本ガラスびん協会／日本銀行金融研究所貨幣博物館／日本製紙クレシア株式会社／農林水産省／パナソニック株式会社／フォトライブラリー／藤野丈志／プラスチック容器包装リサイクル推進協議会／柳平和士／山崎まりゑ

参考文献

『目でみる単位の図鑑』（東京書籍）／『目でみる算数の図鑑』（東京書籍）／『単位と記号』（学研教育出版）／『身長と体重はたし算できるかな？』（ポプラ社）／『時計でさんすう』（日本図書センター）／『親子で楽しむわくわく数の世界の大冒険』（日本図書センター）／『なんでも はかろう』（日本図書センター）／『センチやメートル、どうやってきめたの？』（ポプラ社）／『いろいろな単位①』（日本図書センター）／『目で見る数学』『続・目で見る数学』（さ・え・ら書房）／『これならわかる！ 科学の基礎のキソ 単位と物質』『これならわかる！科学の基礎のキソ　現象』（丸善出版）／『知っておきたい単位の知識200』（新田光敏）／『単位と記号 雑学事典』（日本実業出版社）／『単位171の新知識 読んでわかる単位のしくみ』（講談社）／『これは使える！「○○（マルマル）の単位」事典』（PHP研究所）／『新・単位がわかると物理がわかる』（ベレ出版）／『子どもも大人もたのしく読める 算数&数学ビジュアル図鑑』（学研教育出版）／『少しかしこくなれる単位の話』（笠倉出版社）／『単位のトリビア』（日本理工出版会）／『1秒の世界』（ダイヤモンド社）/『1秒の世界 2』（ダイヤモンド社）／『大人の初等数学 式と図形のおもしろ数学史』（裳華房）／『6年生ふりかえっておきたい　単位のツボ』（くもん出版）／『3年生ふりかえっておきたい　単位のツボ』（くもん出版）／『物理ーてこの原理から量子力学まで』（創元社）／『物理は自由だ1：力学 改訂版』（日本評論社）

その他、各種文献、各専門機関のホームページを参考にさせていただきました。

STAFF

編集：ハユマ（原口結、佐藤朝子、武田佳奈子）
装丁・デザイン：柳平和士
イラスト：ふるやまなつみ、酒井真由美、ハユマ
協力：SPAIS

目で見て実感！ くらしで出会う
単位と記号がすぐにわかる

単位と記号パーフェクトガイド

NDC609

2018年2月15日　発　行
2018年7月15日　第2刷

編　者　単位と記号パーフェクトガイド編集チーム
発行者　小川雄一
発行所　株式会社 誠文堂新光社
〒113-0033　東京都文京区本郷3-3-11
（編集）電話03-5800-5779
（販売）電話03-5800-5780
http://www.seibundo-shinkosha.net/
印刷・製本　大日本印刷 株式会社

ISBN978-4-416-51896-0